クライメートテック

Climate Tech

新しい巨大経済圏のメカニズム

宮脇良二
Ryoji Miyawaki

日本経済新聞出版

目　次

第**3**部　日本の成長に向けた施策

第7章　我が国がこの巨大経済圏で成長するためには　233

※気候変動対策を目指すスタートアップ群の総称として、クリーンテックとクライメートテックがある。2020 年頃まではクリーンテックという呼び方が一般的であったが、ここ数年はより気候変動対策を意識したクライメートテックという呼び方が普及してきており、多くのメディアが呼び方を新しくしている。2つを厳密に区別することもあるが、本書では同義として扱い、基本的にクライメートテックと呼ぶこととする

※本書で「現在」と表記されているものは、具体的に表記がない限り、2022 年 12 月時点の情報を元にしている

From commitments to actions: the sprint to net zero has barely begun

コミットメントからアクションへ
ネットゼロへの挑戦はまだ始まったばかりである

クリーンテックグループ CEO
リチャード・ヤングマン

プロローグ

　2022年10月12日の朝、私はシンガポールのシェラトンでサンフランシスコに拠点を置き、クライメートテック※の業界で世界的に有名な米国のCleantech Groupが主催するCleantech Forum Asia 2022の壇上に立った。私が代表をつとめるアークエルテクノロジーズ（AAKEL）が2022年のアジア太平洋の25社に選出され、その表彰をされたのだ。翌日にはイノベーション企業の1社として10分のピッチを行い、その後、欧州の大手エネルギー企業や米国系ベンチャーキャピタル（VC）、インキュベーター、東南アジアの財閥系企業等の多くの投資家に対し我々の事業を説明する機会に恵まれた。そして、我々同様に25社に選出されたスタートアップや、アジア市場に進出を狙うスタートアップとのコミュニケーションを通し、多くの知見とエネルギーを吸収することができた。しかし、このイベントに参加するにあたり、私は1つ大きな勘違いをしていた。投資家とのコミュニケーションで必ず聞かれた質問は「なぜシンガポールに来たのか」であったが、私の答えは「そりゃ25社に選ばれたから、表彰されに来たんだよ！」と呑気なものであった。しかし、期待されていた答えは「資金調達」や「アジアビジネス拡大のパートナー探し」といったビジネス的な目的であり、表彰されに来たなどという暇な話などは、全くもってそこに居る理由ではなかったのである。少し考えればわかることであるが、投資家は投資先を見つけるために来ており、表彰されにだけ来たスタートアップと世間話をしている暇はない。集まったスタートアップは、資金調達やアジアでのビジネス拡大のために自社を売り込みに時間とコストをかけてわざわざシンガポールまで来ていたのである。シンガポールでの体験は自分の呑気さに気がつかされると同時に、これから世界中のハングリーなクライメートテック企業達との競争、そしてそうした企業達の一員としてカーボンニュートラルという人類共通の課題解決の取り組みに参加できるという緊張と興奮を覚えたとても素晴らしい機会となった。

　私は、総合コンサルティング企業のアクセンチュアにて20年間、主にエネルギー業界向けのコンサルタントとして活動してきた。2010年から8年間、アクセンチュアの電力・ガス事業部門の日本法人責任者として指揮をとった後、AAKELを起業。起業後は、シリコンバレーにあるスタンフォード大学の客員研究員として2018年から2019年の秋までクライメートテックに関する研究を行った。その期間はシリコンバレーを拠点に欧州、中国、イスラエル等の先進地域へ

の訪問や、世界各地で開催されるカンファレンスへの参加、そしてシリコンバレーのスタートアップや投資家とのネットワーキング活動を行い、その歴史、トレンド、エコシステム等に対する理解を深めた。2019年秋の帰国後は福岡と東京の2拠点で会社を運営し、エネルギーマネジメントやEVに関するサービス開発を行いながら、カーボンニュートラルやDXに関するコンサルティング活動、国内外のクライメートテック関連のM＆A案件に対する支援などを行っている。

　そうした活動を通して、エネルギー企業やメーカーの新規事業担当者、投資担当者、ベンチャーキャピタリスト、起業家、メディア等々様々な関係者と話す機会があるが、そこでの議論に違和感を持つことが少なくない。そこで話される内容が、グローバルの議論から情報の鮮度やテクノロジーの活用方法の点でかなりずれたものが多いのだ。そして、日本企業がクライメートテックに関する正しい理解を持たないまま、闇雲に流行りに乗ろうとして、鮮度や粒度の悪い情報を元に、誤った判断をするケースを多く目にする。海外では何年も前に廃れているようなテーマを扱っているスタートアップや、取り扱う論点や技術がずれているようなスタートアップが持ち上げられ、資金調達を行う事例を目にしてきた。例えばブロックチェーンによる電力取引などはその最たる分野であろう。2017年頃にブロックチェーンによる電力のP2P取引を扱ったスタートアップが世界中に現れたが、すぐに下火となり2019年には海外のイベントで取り扱われることがほぼなくなった。各社が実現しようとしていることのほとんどはブロックチェーンを使わずとも、もっと安く枯れた技術で実現できるものであったというのが理由だ。かくいう私も2018年の起業のタイミングではブロックチェーンのP2Pに取り組もうと考え、イーサリアムによるスマートコントラクトのプログラミングを試みたが、米国での情報収集により早期に方向転換することできた。残念ながら日本では最近まで、ブロックチェーンのP2Pトレンドが続いた。また、既に旬をすぎているスタートアップを、日本企業がそれを知らずに海外投資家の倍以上の価格で買収してしまうような事例も連続して発生している。海外クライメートテックのブームを見て、国内VCが脱炭素を謳（うた）うファンドを立ち上げニュースとなるが、一部のファンドはVCが手を出すべきでない長期的な投資を必要とするような分野への投資や、すでに価値が上がりきってしまっている分野への投資を中心にポートフォリオを組んでおり、とてもファンドが目指すパフォーマンスを実現できなそうであると感じている。また、そういったファンドの担当者に海外の主要なカンファレンスで会うこともない。一方で、日本の総合商社やエネルギー企業、重電メーカーの中には素晴らしい投資を行っている会社もある。そういった会社

は、シリコンバレーやテキサスに陣を敷き、クライメートテックのエコシステム
の中心に近づこうと何年もかけて地道に活動を進めている。海外のカンファレン
スで会うメンバーもそういった会社のおなじみの方々である。しかしながら、素
晴らしい投資を行っていても、それを日本やアジアの市場で活かすところまで実
現できている企業は少ない。

　日本にクライメートテックのスタートアップが圧倒的に少ないことも改善しな
ければならない。世界のマネーは明らかにクライメートテックに向いてきており、
この傾向はこれから数十年間変わらない。海外のカンファレンスに行くと、その
盛り上がりがよくわかる。一方で、日本のスタートアップイベントにおいて、ク
ライメートテック関連のセッションは人気がない。今であればWeb3やメタバー
スといったテクノロジー主体の話に、特に若い起業家の興味が行きがちである。
もちろん海外でもそういったテーマのスタートアップも多いが、同様にクライメ
ートテックにも起業家が流れてきている。Y Combinatorや500 Startupsといっ
た、世界的なアクセラレータープログラムでは、明らかにクライメートテックの
スタートアップが増えている。そもそも日本にはまだスタートアップの数が不足
しているが、加えて、起業家に対する意識づけや教育も異なる。スタンフォード
大学のMBAやエンジニア系学部にはアントレプレナーシップのプログラムが多
いが、その多くはソーシャルアントレプレナーという冠がついた講座である。社
会課題の解決が、起業の第1歩であるということが、講座の名前によく表れてい
る。そしてその社会課題の中で、最重要の取り組みの1つとして気候変動が位置
付けられている。クライメートテックは地球全体の課題を解決しようとしている
ものであり、海外では有望な起業家がこぞってこの分野にチャレンジしてきてい
る。Twitterの買収に成功したテスラのイーロン・マスクがその筆頭であり、そ
の後に続けと、シリコンバレー、ボストン、オースチン、イスラエル、深圳、欧
州各地の起業家がこの世界に飛び込んできている。米国ではクライメートテック
専門の転職サイトが登場し、活況だと言う。しかし、まだ日本ではそういう状況
になる予兆すら感じない。世界の重要なカンファレンスで日本の大企業の担当者
には会うが、起業家に会うことはほとんどない。

　この数十年、世界のマネーはIT分野に注がれ続けてきた。インターネットか
ら、SNS、クラウドにAIとテーマを変えつつ、どんどん拡大してきた。しかし、
世界的なパンデミックが終わりつつあるこのタイミングで、世界の投資の流れが
変わりつつある。これまでIT分野に注がれてきたマネーが、徐々にカーボンニ
ュートラル関連に向かい始めている。IT分野への投資が大きく失速する一方、ク

ライメートテックに対する投資は衰えを知らない。カーボンニュートラルは、2050年に向けて人類が長期的に取り組まなければならないテーマであり、今後もますますこの分野にマネーが流れていくことは間違いない。残念ながら、我が国はIT分野では完全に置いて行かれてしまい、その影響で世界における存在感も失った。この後に来る、クライメートテックの大きな流れの中でも同様のことが起こる懸念を、私やこの世界に身を置く多くの友人達は感じている。競争のないところにイノベーションは生まれない。新しい経済圏で我が国が成長するためにも、日本にはクライメートテックが必要なのである。

　本書はこうした危機感から生まれたものである。我が国は今からでもこの波にしっかり乗る努力をしなければならない。この波を捉えるためにはクライメートテック特有の力学を、正しく理解する必要がある。エコシステムの中心には誰がいるのか。現在注目されているテクノロジーは何で、それはいつ拡大（スケール）するのか。どの国が強いのか。本書は日本企業のビジネスマン、投資家、起業家が、クライメートテックの背景と力学を本質から理解した上で、グローバルの最新トレンドを把握することを目的としている。国内では海外のトレンドを理解しないまま、日本のみの視点や、知識不足からこの分野においてバイアスのかかった情報発信が増えつつある。これから日本のビジネスマンや投資家、そして政策決定者が"正しい"理解に基づいた判断を行うためにも、本書ではまず本質的な部分を深掘りすることに努めた。本書は私がスタンフォード大学の客員研究員時代に研究発表した内容を元にしている。トレンドを追うだけではなく、その本質的なメカニズムを理解するために、過去にバブルが弾けた2010年前後の米国を中心としたグリーン・ニューディールと現在のトレンドを比較する手法をとった。様々な視点から物事を捉えるために起業家、ベンチャーキャピタル、CVC、メディア、政策決定者、多くのインタビューや現地訪問を試みた。そうしてまとめた研究内容を、パンデミック後の最新の状況にあわせてアップデートし構成している。また、本書を執筆するにあたり、2022年より海外渡航を再開し、シリコンバレーやアジアの現地で生の情報を得ることを重視した。

　本書は3部構成の全7章で構成している。第1部は3つの章を使って、クライメートテックの理解を深めることを試みる。第1章ではまず、クライメートテックのWHATについて解説を行う。クライメートテックが取り扱う幅広いテーマと目指す方向性、時間軸をカーボンニュートラルとの関係の中で整理し、各テーマの位置付けを明確にする。第2章はクライメートテックのWHYについて解説を試みるものであり、本書の心臓部にあたる。現在のクライメートテックトレン

ドの本質的なメカニズムと力学を、クライメートテックに“今”投資があつまる背景、中心にいる投資家の構成、エコシステム、実現するテクノロジーなどを、2010年前後のグリーン・ニューディールバブルとの比較によって、解き明かすことを目指す。第3章では、クライメートテックのWHATの深掘りとHOWについて解説する。まずはエコシステムを眺め、登場人物の特徴を押さえる。次に注目されるクライメートテック企業の特徴について炙り出す。クライメートは幅広い分野にまたがるが、あるいくつかの共通した特徴を持っていることに気づかされる。その上で、伸びるクライメートテックの情報収集方法や、視点について解説する。また、第3章の終わりには、世界の投資家が参照するリストであるGlobal Cleantech 100を発表しているクライメートテックのシンクタンクであるCleantech GroupのCEO Richard Youngman氏へのインタビューを掲載した。世界のトレンドから、これからの注目点、そして日本から世界的なクライメートテック企業を輩出するための方法について伺った。

　第2部ではクライメートテックの各分野の具体的なイノベーションの方向性について解説の上、注目企業について紹介する。第4章では、2030年に向けたイノベーションとして、すでに世界中で拡大しつつある「グリッド」「再生可能エネルギー＆蓄電池」「スマートビル＆ホーム」「モビリティ」「カーボンマネジメント」について取り上げる。第5章ではこれから2040年頃までに拡大が見込まれる「廃棄物管理」「水・排水管理」「気象＆地理空間データ分析」「アグリ」「フード」について取り上げ、第6章では2050年にカーボンニュートラルを実現するための、最後の仕上げに必要なイノベーションとして「水素」「原子力発電＆核融合」「DAC＆CCUS」「バイオ燃料」「グリーン素材」について解説する。

　最後の第3部では、我が国のクライメートテックの未来として、日本でクライメートテックが育つための条件について、私なりの考え方を提示して締め括りたい。我が国がIT産業のようにならないために、今からどのような環境整備をすべきかについて、国、企業、投資家、起業家それぞれに向けた提言を行おうと思う。第3部の終わりには、日本を代表するクライメートテック起業家であり、すでに上場を果たし、時価総額も一時1000億円を超えた、ENECHANGE CEOの城口洋平氏との対談を掲載した。ロンドンに居を構え、世界のクライメートテックをじっくり分析しながら、自社の経営を進めている城口氏に、起業家としての視点、世界で戦うための方向性を伺った。

　2022年は5月と10月に渡米し、いくつかのカンファレンスに参加した。その中で「スピード＆スケール」というフレーズを幾度となく耳にした。これはシリ

コンバレーの伝説の投資家で、スタンフォード大学に多額の寄付をし、サステナビリティ学部を立ち上げた、ジョン・ドアが 2021 年に出版した本のタイトルである。タイトルの意味は、気候変動問題の解決に向けて、スピードとスケール（規模）を持って対応しなければならないというところから来ている。書籍ではカーボンニュートラルを達成するためのイノベーションとその目標値を、シリコンバレー標準の目標管理制度で、ジョン・ドアがグーグル等の投資先に対して必ず徹底させる OKR という手法を使って提示をし、その上でステークホルダーそれぞれに必要な施策を説いている。「スピード & スケール」は世界のクライメートテック関係者の共通言語となっているが、日本のカーボンニュートラルのイベントで「スピード & スケール」というフレーズを耳にすることは残念ながら少ない。これが、率直な私の危機感である。国内でカーボンニュートラルとつくイベントや講演に参加をするたびに、グローバルの議論との乖離に残念な気持ちになる。本書を通して、こうしたグローバル共通言語が広がり、グローバルスタンダードな議論と投資が拡大することを願う。

第1部

巨大経済圏
クライメートテックの
全貌

My optimism about climate change comes from my belief of innovation. It's our power to invent that makes me hopeful.

気候変動に私が楽観的なのは、イノベーションを信じているからだ。私たちの発明する力が、私に希望を与えてくれる。

ビル・ゲイツ

第1章

クライメートテックの時代

1-1 スタンフォード大学サステナビリティ学部創設の衝撃

　米国カリフォルニア州にあるスタンフォード大学は、1891年に創立された世界屈指の名門大学である。当時のカリフォルニア州知事で、大陸横断鉄道の1つ、セントラルパシフィック鉄道の創立者でもあるリーランド・スタンフォードとその夫人ジェーンが設立以降、優秀な人材を多く輩出。英国の世界的な高等教育評価機関のクアクアレリ・シモンズ社が毎年発表する世界大学ランキングでも、スタンフォード大学は常に最上位に位置している。スタンフォード大学があるカリフォルニア州北部には、アップルやグーグル、Meta Platforms 社（旧 Facebook 社）など、世界を代表する名だたる IT 企業が集積しており、この一帯からサンフランシスコまでのエリアはシリコンバレーと総称される。近年、シリコンバレーは世界を変革するイノベーションを次々と生み出している。ヒューレット・パッカードの創業者ウィリアム・ヒューレットとデビッド・パッカード、グーグルの共同創業者ラリー・ペイジもスタンフォード大学の出身であることから、世界的イノベーションのルーツはスタンフォード大学にあるとも言われている。

　スタンフォード大学には「Stanford Energy（スタンフォードエナジー）」という、学部横断型のイニシアチブがあり、先端研究に取り組むと同時に、年間を通じて様々なイベントを開催している。私は 2022 年 5 月の GW を利用し、年次イベントの1つであるエナジーソリューションウィークを目掛け、約 2 年半ぶりにスタンフォード大学を訪問した。新型コロナウイルス感染症の流行の影響で、2019 年以来のシリコンバレー滞在であったが、街中でマスクをしている人も少なく、カリフォルニアの雲ひとつない青い空もそのままだった。リモートワークの普及により、高速道路の渋滞は若干解消されたようであったが、それ以外はコロナ以前と変わらない、人々の活気に満ちた街並みが広がっていた。

　一方で、カーボンニュートラルを取り巻く環境は大きな変化を遂げていた。コロナ以前もカーボンニュートラルに関するイベントには多くの人が集まっていた

が、より一層多くの人がこの問題について関わるようになっていた。EV がいよいよ普及期に入ってきており、Uber で手配するライドシェアの自動車においてもテスラの EV が増加。カーボンニュートラルの議論が、2030 年のマイルストーンに向けた EV や太陽光等の議論から、水素や CCS、原子力等の 2050 年に向けたテクノロジーの議論へと進化していた。

　2 年半ぶりのスタンフォード大学で、コロナ禍で進化していること、そして変わらないことに改めて感銘を受けていたところに、新学部創設というニュースが舞い込んだ。約 70 年振りとなる新学部の名称は、「Stanford Doerr School of Sustainability」、いわゆるサステナビリティ学部である[1]。海外の大学では、ハーバード大学のケネディスクールや MIT のスローンスクールのように、学部に寄付者の名前をつけることが多いが、サステナビリティ学部は、アマゾンやグーグルに初期から投資することに成功し、巨額の富を築いた、シリコンバレーの大手 VC であるクライナー・パーキンスの伝説の投資家、ジョン・ドア（John Doerr）とアン夫人の 11 億ドルの寄付によって設立されることとなった。さらに、本学部の設立に対し、ヤフー共同創業者のジェリー・ヤンと夫人の山崎晶子や、もう 1 人のヤフー共同創業者のデビッド・ファイロとアンジェラ夫人などからも寄付がされ、合わせると、16 億 9000 万ドルもの設立資金となった。日本円にして 2000 億円以上であり、これは環境省が 2022 年 10 月に立ち上げた官民ファンド「脱炭素化支援機構（JICN）」の設立時出資金 204 億円の 10 倍にもあたる。それだけの資金がシリコンバレーを中心とした数人のビリオネアによってスタンフォード大学の研究開発に寄付されたことに驚かされる。

　サステナビリティ学部の目的は、気候変動対策と持続可能性に向けたソリューション開発の促進である。研究分野は、「気候変動（climate change）」「地球環境科学（Earth and planetary sciences）」「エネルギー技術（energy technology）」「サステナブル都市（sustainable cities）」「自然環境（natural environment）」「食糧と水の安全保障（food and water security）」「人間社会と行動（human society and behavior）」「人間の健康と環境（human health and the environment）」の 8 つが定義されている。サステナビリティ学部での研究は、各種研究から得られた知識から実用的で実行可能な解決策を構築し、それらの解決策をスピードとスケー

1　Stanford News: Stanford Doerr School of Sustainability, university's first new school in 70 years, will accelerate solutions to global climate crisis
https://news.stanford.edu/2022/05/04/stanford-doerr-school-sustainability-universitys-first-new-school-70-years-will-accelerate-solutions-global-climate-crisis/

ルをもって実行することとされており、社会実装を前提とすることが求められている[2]。

　学部新設の発表後から、スタンフォード大学内のカンファレンスではジョン・ドアの著書のタイトルである「スピード＆スケール」がキーワードとして叫ばれ、渡米時に大学の書店に山積みになっていた書籍は、私が帰国する頃には姿を消していた。日本人のエネルギー関係者との懇親の場でも、シリコンバレーのスーパースターの出資による学部新設の話題で盛り上がり、現地でも大きな期待が寄せられていることを感じた。世界最高峰スタンフォード大学に気候変動に向けたこのような学部ができたことは、現在のクライメートテックブームの象徴であり、スタンフォード大学を中心としたシリコンバレーが、気候変動に向けたイノベーションにおいても中心になることを予感させるものである。

　それでは、ここからそのシリコンバレーが注目するクライメートテックを見て行こう。

1-2 クライメートテック 気候変動に立ち向かうイノベーション

　クライメートテックとは、ボストンに本拠地をおくクライメートテックのスタートアップ支援組織（インキュベーター）である Greentown Labs の定義[3]によると、「気候変動の影響を緩和し、災害に強いレジリエンスな社会を構築するための技術的ソリューション」とされ、大きく「電力」「アグリ・水」「建物」「輸送」「産業」「レジリエンス」の6つに分類されている。気候変動の影響を緩和する技術とは温室効果ガス（GHG：Green House Gas）排出を抑制・削減する技術を指し、例えば電力ではスマートグリッド、再生可能エネルギー、エネルギー貯蔵、農業技術・水分野では健康的な食品、サプライチェーンの短縮、メタン削減型動物飼料、製造分野では循環経済、輸送分野では電気自動車、炭素回収・利用・貯蔵などの炭素回収プロセスにおけるイノベーションが挙げられている。災害に強いレジリエンスな社会の構築に向けた技術としては、例えば、水質汚染を検知するセンサーや水の浄水技術、気候データの理解やモデル化を支援する技術などが

---

2 Doerr School of Sustainability HP
https://sustainability.stanford.edu
3 What is Climatetech?
https://greentownlabs.com/what-is-climatetech/

含まれる。

　GHG 排出を抑制・削減する技術については、その排出源によって内容が異なる。

　「スピード＆スケール」と並ぶ、気候変動に関するバイブルであるビル・ゲイツの著書『How to Avoid a Climate Disaster（邦題：地球の未来のため僕が決断したこと）[4]』の冒頭で約 510 億トンという数字が示されている。これは世界で年間に排出される GHG 排出量である。GHG 排出量とは CO_2 排出量に加え、CO_2 以外のメタンなどのガスを CO_2 換算して合計したものを指す。CO_2 単独の排出量は約 375 億トン[5]である。この 510 億トンを、2050 年には実質ゼロにしなければならないというのが、カーボンニュートラルの目標設定である 1.5 度目標である。

　「地球の未来のため僕が決断したこと」では、510 億トンを人間活動別に分解した際の排出割合が示されている。

- 鉄、セメント、素材などの産業　29％
- 電力　26％
- 食料　22％
- 輸送　16％
- 冷暖房・冷蔵　7％

　この 5 つの分野の GHG 排出量をそれぞれ実質ゼロにするために、さまざまなイノベーションが進んでいる。それぞれの分野毎にイノベーションの基本的な方向性を確認しよう。

鉄、セメント、素材などの産業のイノベーション

　鋼鉄、コンクリート、プラスチックなどの資材を製造する際に、大量の CO_2 が排出される。直接的な排出箇所としては「製造時の化学反応」「製造時に必要な熱の製造」「工場の稼働に必要な電力の発電」の 3 つがある。それぞれの CO_2 排出を減らすためには、化学反応を起こさない工夫をすること、熱を水素で作ること、クリーンな電力を使うことが鍵となる。例として排出量の大きい鋼鉄とコンクリートの製造方法について、現在のプロセスとカーボンニュートラルに向けた

4　『地球の未来のため僕が決断したこと』ビル・ゲイツ著、早川書房
5　Annual carbon dioxide (CO₂) emissions worldwide from 1940 to 2021
　 https://www.statista.com/statistics/276629/global-co2-emissions/

プロセスを具体的に比較してみたい。

　鋼鉄は、現在は高炉法という製造プロセスで行われている。高炉法とは、まず鉄鉱石を加熱して酸素を分離させ鉄を作り、石炭から炭素を取り出してコークス（炭素の塊）を作る。次にそれぞれ作り出した鉄と炭素を結びつけて鋼鉄を製造するのだが、この工程の際に残りの炭素と酸素が結びつき CO_2 を排出してしまう。また、この製造プロセスでは、加熱時に1,700度程度の非常に高温の熱が必要となるために、その熱の製造や工場に必要な電力の発電を、石炭で行っている。高炉法は高品質、経済性を両立させる極めて効率的な手段ではあるが、製造プロセスで必ず CO_2 が発生するのが大きなデメリットとされている。一方、カーボンニュートラルに向けた製造プロセスとして、3つの方法が考えられている。1つ目は「水素還元製鉄・カーボンサイクル」である。高炉で使用する石炭の一部を水素で代替する水素還元製鉄と排出された CO_2 を CCUS（Carbon dioxide Capture, Utilization and Storage）で吸収するカーボンサイクルと組み合わせることで、製鉄プロセスで発生する CO_2 排出量を大幅に抑制することを狙う。2つ目の「直接還元製鉄」は、石炭を使わずに水素を使い、低品質の鉄鋼石を直接還元し、ペレットを製造。そのペレットを電炉で溶解し、鉄鋼を生産することでコークスを使わずに CO_2 の発生を抑える。3つ目の「電炉化」は、水素還元鉄と鉄スクラップを電気炉で溶解し、鉄鋼製品を製造することにより CO_2 を発生させない。このように、鋼鉄のカーボンニュートラルには、「水素」と「CCUS」といったイノベーションが前提となる。技術開発の時間軸としては、実証炉が2030年代、実装は2040年代と考えられている[6]。（図表1-2-1）

　続いて、コンクリートの製造プロセスについて解説する。コンクリートは主原料であるセメントに砂利や玉石などの骨材、水、コンクリートの品質や強度をあげる混和剤を混ぜて製造している。主原料のセメントは、石灰石と粘土や廃棄物などの原料を調合し、高熱で焼成して急速冷却し、石膏を加え粉砕する。石灰石はカルシウムと炭素と酸素でできており、高熱で焼成する際に、酸化カルシウムと CO_2 に分解され、その CO_2 が大気に放出されてしまうデメリットがある。一方、カーボンニュートラルに向けた製造プロセスでは、石灰石などの原料を焼成する工程に CO_2 回収技術を導入。廃コンクリートなどの廃材などから、カルシウムを取り出し、それにセメント製造工程で排出される CO_2 を吸着させて「炭酸カ

6　経済産業省　鉄鋼業のカーボンニュートラルに向けた国内外の動向等について
https://www.meti.go.jp/shingikai/sankoshin/green_innovation/energy_structure/pdf/010_04_00.pdf

| 図表 1-2-1 | 水素還元

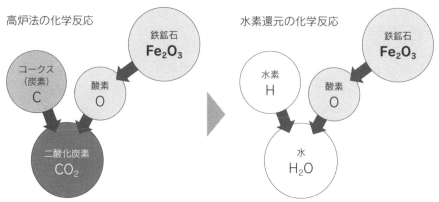

高炉法の化学反応　　　　　　　　　水素還元の化学反応

出所：AAKEL 作成

ルシウム（$CaCO_3$）」にすることで、セメントの主原料である石灰石の代替（人口石灰石）の製造を目指している。これが実現すれば、石灰石を使わずに製造する「カーボンリサイクルセメント」が新たに誕生し、実証化されればさらなる CO_2 の削減効果が期待できる。加えて、CO_2 を吸収・固化した特殊混和材と CO_2 を吸収させた骨材を利用してコンクリートを製造することで、CO_2 の排出削減と固定量最大化を実現する。これら一連の手法は CCU（Carbon dioxide Capture, Utilization）の一種である。技術確立を 2030 年頃までに行い、2040 年から 2050 年にかけて普及することを目指している[7]。

（図表 1-2-2）

電力のイノベーション

　全体の 26％を占める電力の GHG 排出量は、主に化石燃料を燃焼することにより発電される火力発電所から排出される。火力発電所は、原子力発電所などの他の電源よりも、発電所の稼働と出力を短時間で調整し易いという特徴がある。電力の需要は、天気や時間、季節によって激しく変わる。一方で、電力はコスト的な観点から、大量に貯蔵することが難しい。さらに需要と供給のバランスが崩れると周波数が変動し、その変動が大きくなると停電が起きてしまう。そのため、

---

[7] 経済産業省　コンクリート・セメントで脱炭素社会を築く⁉ 技術革新で資源も CO_2 も循環させる
https://www.enecho.meti.go.jp/about/special/johoteikyo/concrete_cement.html

図表1-2-2 ｜ CO₂排出削減・固定量最大化コンクリート

CO₂排出削減・固定量最大化コンクリートの例

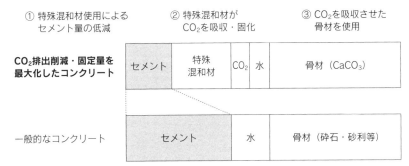

出所：経済産業省HP

調整力に優れる火力発電所は、これまでとても重要な役割を担ってきた。しかし、カーボンニュートラルに向けては、この火力発電所から排出されるCO_2をゼロにしなければならない。

　火力発電所から排出されるCO_2をゼロにするためには、下記のような方法がある。

- 水力、風力、太陽光、地熱などの再生可能エネルギーに代替する
- 原子力発電所に代替する
- 水素やアンモニアなどのCO_2を出さない燃料に代替する
- 火力発電所から出てきたCO_2を回収して、貯蔵もしくは再利用する

　この中で技術的成熟度が高く、普及が容易なのは再生可能エネルギーである。再生可能エネルギーの出力向上に向け、世界中で様々なイノベーションが生まれている。その結果この十数年で、特に太陽光発電と風力発電は劇的にコストが下がり、普及が拡大している。しかし、再生可能エネルギーは気候により、出力が大きく変化するため扱いづらく、電力が余ってしまい、時には出力抑制を迫られる。すでに再生可能エネルギーの普及が進む欧州や米国のカリフォルニア州、テキサス州、日本でも九州では日常的に出力抑制が起こっている。この現象に対して、適切な対応をしなければ、再生可能エネルギーの普及が進まない。抑制されてしまう再生可能エネルギー由来の電力を最大限有効活用するためには、これま

で需要に合わせて出力の制御を基本としていた電力システムを、再生可能エネルギーの出力に合わせて需要を制御するアーキテクチャーに変えていかなければならない。再生可能エネルギーの出力に合わせて需要を制御するということは、需要側にある空調システムや給湯システム、冷蔵・冷凍システム、照明、EV 充電などを制御するということであり、膨大な数の機器を制御することになる。そうした新しいアーキテクチャーの総称をスマートグリッドと呼び、この十数年で様々なテクノロジーが開発されてきた。また蓄電池のイノベーションも進み、貯める手段も徐々にコストが低下してきている。スマートグリッドの技術開発は進み、現在はすでに実装段階にある。蓄電池についてもコスト低下が進み、2030 年付近にはストレージパリティ（蓄電池を導入した方が、導入しないよりも経済的メリットが得られる状態）を達成すると言われている。

　原子力発電所についてはさまざまな議論があるが、世界では次世代炉と呼ばれる新型の原子炉の開発が進んでいる。米国を中心に進んでおり、2030 年代後半に初期の原子炉が稼働し、2050 年に向けて普及していくことが期待されている。また、夢の技術と言われていた原子核を融合することによってエネルギーを得る核融合の技術開発も進み始めている。実用化の確度は原子力発電に比べまだ緩やかではあるが、2040 年から 2050 年にかけての実用化が期待されている。

食料のイノベーション

　世界の人口が今後も増え続ける中、農業・畜産の生産が人口増加と同じペースで増えると、同時に GHG 排出量が増えることになる。10 億頭の牛などの反すう家畜が排出するメタンは、CO_2 換算で年間 20 億トンとなり、GHG 全排出量の 4%に相当する。また廃棄される食糧から排出されるメタンは、CO_2 換算で年間 33 億トンに及ぶ。これらの問題を解決するためのイノベーションは様々あり、例えば以下のような取り組みが挙げられる。

- 植物栽培の生産性を上げるための室内農業や土壌改質
- 家畜の数を減らすための代替肉
- 食料を長持ちさせるための食物への特殊コーティング
- 輸送の距離を短くするサプライチェーンの改善
- 可能な限り廃棄を出さないためのリサイクルシステム

この中でも特に室内農業と代替肉の開発には世界から多くの投資が集まってい

る。室内農業は、AIを活用し、エネルギー効率や水利用を徹底的に効率化する手法である。ビルや工場内で行うため、大規模な土地を必要とせず、大都市のような消費地の近くで生産できることから、サプライチェーンの改善にもつながる。室内農業で作られた作物はすでにスーパー等に並んでいるが、主流にするためにはコスト削減や、栽培する作物の種類を増やす等の改善が必要である。

　代替肉については、米国の高級スーパーではコーナーができるほどまで増えてきている。現在すでに流通しているもののほとんどは、プラントベースと言われる植物由来の代替肉である。ただし、価格はまだ普通の肉よりも高く、食感もハンバーガーのパテのような挽肉系の食べ物については遜色ないが、ステーキ等の筋繊維が求められるようなものの開発には時間が必要な状況である。そういった課題を克服するために、細胞培養や微生物を使った代替肉の開発なども進められている。

輸送のイノベーション

　輸送時のCO_2を削減するためには、自動車は乗用車、路線バス、短距離配送の小型トラックについては電動化するのが基本的な方向性となる。また、長距離で大容量が求められる長距離バスや長距離配送の大型トラックについては、車両重量や充電時間の問題から、水素と酸素を反応させて電気を起こす燃料電池車にするのが大きな方向性とされている。EVについては、米国や中国のEVスタートアップの多くがIPOを既に果たしており、技術的にも枯れつつある。また、多くの国で2030から2035年にかけてガソリン車販売規制が決まっており、そうした政策的な後押しの下、2030年には世界で相当割合の車がEVとなっていることが予想されている。

　個人の短距離の移動に関しては、電動化されたバイクやキックボードなどのマイクロモビリティの利用が進んでいる。特にスクーターが移動の主要な手段となっている東南アジアなどでは、電動スクーターへの移行が進むことが期待されている。

　電車についてはディーゼルの車両は電動化や燃料電池化の上、電気を再生可能エネルギーで賄うことを目指していくのが基本的な方向性である。すでにオランダでは、風力発電100％の電車が走り、ドイツではディーゼルから燃料電池にリニューアルした電車が走り始めている。

　輸送におけるGHG排出量の約10％を占める飛行機については、短距離飛行であれば空飛ぶタクシーと言われる電動垂直離着機（eVTOL）の開発が進んでい

る。しかし、長距離の旅客機となると、重量の問題から電動化は難しい。そのため、SAF（Sustainable Aviation Fuel）と呼ばれる航空機向けのバイオ燃料の開発が大きな方向性となる。すでに技術的にはいくつかの方法が出てきているが、コスト的にはまだまだ実用に見合うレベルには至っておらず、更なるイノベーションが必要である。

　また同じく輸送における排出量の約10％を占める船舶は重量の問題から電動化は難しい。短期的には天然ガス化、中長期的には水素やアンモニア、もしくはバイオ燃料の利用がイノベーションの方向性と考えられている。

冷暖房・冷蔵のイノベーション

　建物のエネルギーの最適利用に向けては、建物の気密性・断熱性を高めた上で、可能な限り効率的にエネルギーを利用することがイノベーションの方向性となる。効率的にエネルギーを利用するとは、具体的に言うと、細かく空間の状態を把握し、リアルタイムで機器に対する制御を行っていくということである。IoTとAIの発展に伴い、細かい空間単位での状況把握と制御が可能となり、近年多くのスタートアップが登場している。ビルについては、スマートビルのテクノロジー、家についてはスマートホームのイノベーションが進み、エネルギーの最適利用がより日常的なものへと変化している。この分野はすでに実用化されているが、特にアマゾンやグーグルから販売されているスマートスピーカーが普及し、それと連動して家電を制御することができるようになってから、スマートホームの普及も進んでいる。今後、カーボンニュートラルという文脈の中で、スマートビルやスマートホームの導入に対する普及支援も増えることが予想され、2030年のマイルストーンに向けた重要なテクノロジーとして位置付けられている。

　ここまで解説したイノベーションが、GHG排出を抑制・削減する技術となる。

レジリエンスのイノベーション

　クライメートテックのもう1つの要素である災害に強いレジリエンスな社会の構築に向けた技術として1つは、膨大なデータを収集して地球環境の可視化とシミュレーションを行うソリューションである。近年、衛星データが利用しやすくなったことや、IoTやドローンによって地上データの収集が容易になった。そのデータを集約することにより、正確な情報確認や精度の高いシミュレーションが発達している。地域の災害予測やその予測に基づいたハザードマップの作成、気候変動に向けた保険商品の開発、都市の交通量や電力消費量の変化による都市整

備のシミュレーションなど、様々な分野での活用が期待されている。

　もう1つが、水や排水管理に向けた技術である。水は気候変動によって大きな影響を受ける。海面上昇や干ばつ、洪水によって、深刻な水不足が発生し、すでに人間生活に大きな支障をきたしている。また、洪水によるサプライチェーンの断絶や、水不足による半導体の生産停止等、企業活動に対しても大きな影響がある。そうした水の問題に対して、排水処理に関わる検知センサーや新しい浄水方法の開発、水に関する企業のリスクマネジメントの支援ソフトウェア等のイノベーションが進んでいる。

カーボンマネジメントのイノベーション

　GHG排出の抑制・削減とレジリエンスにまたがる分野として、カーボンマネジメントと呼ばれるGHG排出量の計測分野も急速に発展している。国際団体のGHGプロトコルイニシアチブによって定義された排出量の基準（GHGプロトコル）に沿って、各団体がどの程度GHGを排出しているかを開示することが求められ始めた。開示にはデータ収集と細かい計算が必要となり、それをサポートするためのクラウドベースのソフトウェアツールが多数登場している。また当然のように、計測・開示の先には削減することが求められ、各社はこれまで紹介してきたようなイノベーションによって削減を進めるが、どうしても自社の努力で削減しきれないものについては、カーボンクレジットを活用して自社の排出量を相殺することとなる。そうした取引を円滑に行うようなマーケットプレイスもカーボンマネジメントの機能として拡大してきている。

　このように、クライメートテックの裾野はとても広く、多くのイノベーションが進んでいる。これらを理解する上で大事なのは、開発されているテクノロジーの時間軸を正しく押さえることである。特に投資家と起業家は、そのテクノロジーの現在の成熟度とスケールが予想されている時期がいつなのかを把握しなければ、適切な投資や起業はできない。スケールするまでに10年以上の期間が必要なものは、期限が決まっているファンドで扱うことは難しい。一方で、すでに成熟しつつあるテクノロジーで起業しても、チャンスは少ない。裾野がとても広い分、ブームに踊らされて、理解の薄いまま近づくと大火傷するのがクライメートテックの難しいところなのである。(図表1-2-3)

| 図表 1-2-3 | カーボンニュートラルに必要なイノベーション

部門別GHG排出量の割合

		～2030年	～2040年	～2050年
電力 27%		スマートグリッド	蓄電池	原子力発電＆核融合
		再生可能エネルギー		水素
産業 31%		カーボンマネジメント	リサイクル	DAC&CCUS
			気象＆地理空間データ分析	先進素材
				バイオ燃料
輸送 16%		EV		電動飛行機・船舶
		マイクロモビリティ		
食料 19%			水	
			農業	
			食糧	
冷暖房・冷蔵 7%		スマートビル		
		スマートホーム		

冷暖房・冷蔵 7
食料 19
電力 27
輸送 16
産業 31
(%)

出所：AAKEL 作成

1-3 | 新しい巨大経済圏の誕生

　クライメートテックはいわゆる GAFA を代表とする IT 企業群に変わる新しい巨大経済圏を形成しつつある。前項にて進捗中のイノベーションを確認したように、気候変動という大きな課題を解決するための企業群が対象となるため、関係する分野が非常に広く、投資額も大きい。2021 年 10 月に IEA が発表した「World Energy Outlook 2021[8]」では、カーボンニュートラルを実現するために必要な投資は、世界で年間 4 兆ドル強であると示された。そして、こういった数字は往々にして年を追うごとに増えていく傾向にある。それだけ大きな投資の多くがクライメートテックに向かうこととなり、すでにこの新しい巨大経済圏は株式市場でも大きな存在感を示しつつある。クライメートテック専用のファンドであり、日本の電力会社や総合商社も出資元として名を連ねる EIP（Energy Impact

---

8　IEA World Energy Outlook 2021　https://www.iea.org/reports/world-energy-outlook-2021

| 図表 1-3-1 | EIP Climate Tech Index

EIP Climate Tech Index
195.91%

NASDAQ
110.33%

出典：https://eipclimateindex.com

　Partners）が提供するクライメートテックのインデックス指数[9]を見ると傾向をよ
り理解することができる。（図表1-3-1）
　EIP Climate Tech Index は、クライメートテック上場企業37社で構成されて
おり、再生可能エネルギー、EV、蓄電池、地熱、燃料電池、リサイクル、先端技
術と幅広い業種を取り入れている。（図表1-3-2）
　2020年以降が顕著であるが、新興企業の集まりであるナスダックの指数と比較
して、その上昇幅が大きなことがよく見て取れる。この動きを牽引しているのが、
テスラであることは言うまでもない。テスラの時価総額はここ数年で一気に成長
し、トヨタ自動車の何倍にもなった。資材高騰や中国勢との競争激化によりやや
息切れ感があるものの、ウクライナ情勢により存在感が一層強まった再生可能エ
ネルギー群、特に風力関連銘柄も強い動きを示してきた。クライメートテックに
は、SPAC（特別買収目的会社）を活用して上場した EV メーカーや電池メーカ
ーも多く存在している。EV メーカーだけでも、この2020年からの2年間で、
Nicola Motor 社、Fisker 社、Lordstown Motors 社、Proterra 社、Rivian 社、
Lucid Motors 社など、多くの企業が上場を果たしており、その勢いを強く感じら

図表1-3-2 EIP Climate Tech Index 構成銘柄

太陽光・蓄電池

Canadian Solar
（カナダ）

Array Technologies
（米国）

First Solar
（米国）

SMA Solar Technology
（ドイツ）

Shoals Technologies
Group（米国）

SolarEdge Technologies
（米国）

SunPower
（米国）

Sunrun
（米国）

Sunnova Energy
（米国）

Enphase Energy
（米国）

EOS Energy
（米国）

EV・車載蓄電池

Tesla
（米国）

Nicola Motor
（米国）

Fisker
（米国）

Lordstown Motors
（米国）

Proterra
（米国）

Canoo
（米国）

Hyliion
（米国）

Romeo Power
（米国）

Quantumscape
（米国）

EV充電

Chargepoint
（米国）

Blink Charging
（米国）

XL Fleet
（米国）

Ameresco
（米国）

燃料電池

Ballard Power
（カナダ）

Bloom Energy
（米国）

Plug Power
（米国）

FuelCell Energy
（米国）

風力

Orsted
（デンマーク）

Vestas Wind
（デンマーク）

Siemens Gamesa
Renewable Energy
（スペイン）

プラスチック

Danimer Scientific
（米国）

リサイクル

Purecycle
Technologies
（米国）

代替肉

Beyond Meat
（米国）

地熱

Ormat Technologies
（米国）

電気機器

Generac
（米国）

3Dプリンタ

Desktop Metal
（米国）

出所：EIP Climate Tech Index

| 図表1-3-3 | VCによるクライメートテックファンド組成の推移

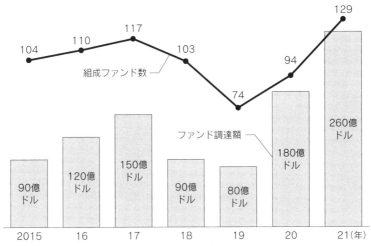

出所：Silicon Valley Bank「The Future of Climate Tech」

れる。Index銘柄には載っていないが、中国のEVメーカーも頭角を表している。クライメートテックは、メタバースやWeb3といったテクノロジーのトレンドとは異なり、気候変動という人類が立ち向かわなければならない大きくて長期的な課題を扱うものであるため、持続的で大きな波が来ていると考えられる。

　また、株式市場だけではなく未上場株への投資も盛んである。シリコンバレーでスタートアップ向けの融資で有名なSilicon Valley Bank社が出したレポート「The Future of Climate Tech[10]」によると、VCからクライメートテックに対する投資が2020年以降に大きく伸びていることがよく見て取れる。米国ではクライメートテック関連企業を対象としたファンドが数多く立ち上がり、2021年だけで日本円で3兆円を超える260億ドルを集めている。（図表1-3-3）

　Cleantech Groupのレポート「2023 Global Cleantech 100[11]」でも、その傾向は顕著にわかる。世界のクライメートテックスタートアップに対し、2021年は日本円で8兆円を超える640億ドルものお金が投資されている。これはオバマ政権時代のグリーン・ニューディール時におこったバブル（グリーン・ニューディール

---

10 Silicon Valley Bank, The Future of Climate Tech
　https://www.svb.com/trendsinsights/reports/future-of-climate-tech
11 Cleantech Group, 2023 Global Cleantech 100
　https://www.cleantech.com/the-global-cleantech-100/

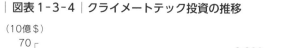

| 図表1-3-4 | クライメートテック投資の推移

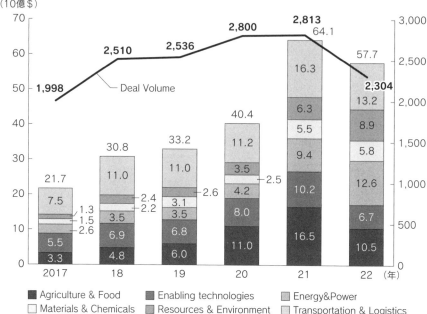

出所：Cleantech Group

バブル）を超える投資額であり、バブル崩壊後に消えていった投資家が完全に復活したと言われている。リセッションがささやかれ、世界的にスタートアップ投資が大きく冷え込んだと言われている2022年においても投資は堅調に推移しており、クライメートテックの底堅さがうかがえる。(図表1-3-4)

　英国の大手監査法人であるPwC社のレポート「The State of Climate Tech 2021[12]」によると、2013年から2021年上期までに日本円で29兆円を超える計2220億ドルがクライメートテックに投資された。投資の伸びは年間210％、確認されているクライメートテック企業数は3000社を超えると言われ、なかでも充電を含むEV分野と代替肉を中心としたフード分野への投資の伸びが特に大きいという分析がされている。そうした結果、評価額が10億ドルを超えるユニコーンが世界で数多く誕生している。投資情報提供会社のHolonIQ社が提供する

---

12 PWC The State of Climate Tech 2021
　https://www.pwc.com/gx/en/services/sustainability/publications/state-of-climate-tech.html

「The Complete List of Global Climate Tech Unicorns[13]」によると、2022 年 12 月時点で 46 社ものユニコーンが誕生している。(図表 1-3-5)

　このように、ここ数年の世界のクライメートテックに対する投資の伸びは凄まじく、毎年数兆規模のマネーがこのスタートアップ群に向かっている。日本ではまだその雰囲気を感じないが、世界では明らかにクライメートテックブームが来ており、新しい巨大経済圏を形成しつつある。そして、気候変動対策の加速とともに、この巨大経済圏はこれからますます大きくなり、IT 産業を超える産業になるとも予想されている。

1-4 ｜ テスラ クライメートテックの代表企業

　クライメートテックをより深く理解するために、その代表であるテスラについて具体的に確認してみよう。米国カリフォルニア州のシリコンバレーの外れ、フリーモントにあるテスラの工場に行くと、その入り口には大きく「Accelerating the World's Transition to Sustainable Energy（世界がサステナブルなエネルギーに移行するのを加速させる）」という同社のミッションが目に飛び込んでくる。自社を自動車会社ではなく、サステナブルエナジー推進企業、あるいはカーボンニュートラル推進企業と考えていることがよくわかるミッションである。社名も 2017 年に「TESLA Motors」から「TESLA」に変更している。実際にテスラの事業分野は年々拡大しており、自動車だけではなく、太陽光発電、蓄電池と個々にハードウェアが存在していたが、エネルギーマネジメントサービスを始めたことにより、いよいよそれらのハードウェアを繋ぎ、電力会社的な機能を持つようになってきた。

　カリフォルニア州では、2021 年より家庭向けに TESLA VPP という実証を開始している。これはカリフォルニア州の大手エネルギー企業である PG&E（サンフランシスコ周辺）、SCE（LA 周辺）、SDG&E（サンディエゴ周辺）との取り組みであり、エリアの電力需要逼迫時に家庭に設置されているテスラの家庭用蓄電池であるパワーウォールから電力を系統に出力し、いわば小型発電所として機能させる取り組みである。家庭にあるパワーウォールから電力系統に対する出力の

---

13 The Complete List of Global Climate Tech Unicorns
https://www.holoniq.com/climatetech-unicorns

| 図表 1-3-5 | クライメートテックユニコーン

	企業名	産業区分	産業内カテゴリ	評価額	設立年度	本社所在地
1	Octopus Energy	エネルギー&パワー	エネルギー取引	$5B+	2015	イギリス
2	Commonwealth Fusion Systems	エネルギー&パワー	新型核融合炉	$4B	2017	マサチューセッツ
3	Aurora Solar	エネルギー&パワー	太陽光	$3.8B	2013	シリコンバレー
4	SVOLT	エネルギー&パワー	蓄電池	$2.3B	2016	中国
5	Jiangsu Horizon New Energy Technology	エネルギー&パワー	蓄電池	$1B	2017	中国
6	Turntide Technologies	エネルギー&パワー	建物	$1B	2014	シリコンバレー
7	Brighte	エネルギー&パワー	建物	$1B	2015	オーストラリア
8	Northvolt	エネルギー&パワー	蓄電池	$11.8B	2015	スウェーデン
9	Form Energy	エネルギー&パワー	蓄電池	$1.8B	2015	マサチューセッツ
10	Sunfire	エネルギー&パワー	水素	$1.8B	2010	ドイツ
11	Uplight	エネルギー&パワー	建物	$1.5B	2004	コロラド
12	Arcadia	エネルギー&パワー	エネルギー取引	$1.4B	2014	ワシントンD.C.
13	OVO Energy	エネルギー&パワー	エネルギー取引	$1.3B	2009	イギリス
14	Enpal	エネルギー&パワー	太陽光	$1.1B	2017	ドイツ
15	OLA Electric	交通&ロジスティクス	電動スクーター	$5B	2011	インド
16	Hozon	交通&ロジスティクス	EV	$4B	2014	中国
17	Beta Technologies	交通&ロジスティクス	新しい乗り物	$2B	2012	バーモント
18	TELD New Energy	交通&ロジスティクス	EV充電	$2B	2014	中国
19	Leap Motor	交通&ロジスティクス	EV	$2.3B	2015	中国
20	Voi	交通&ロジスティクス	電動スクーター	$1B	2018	スウェーデン
21	TIER Mobility	交通&ロジスティクス	電動スクーター	$1.8B	2018	ドイツ

	企業名	産業区分	産業内カテゴリ	評価額	設立年度	本社所在地
22	Volocopter	交通＆ロジスティクス	新しい乗り物	$1.6B	2011	ドイツ
23	Redwood Materials	資源＆環境	廃棄物管理	$3.5B	2017	シリコンバレー
24	Watershed	資源＆環境	カーボンマネジメント	$1B	2019	シリコンバレー
25	Prometheus Fuels	資源＆環境	CCUS	$1.45B	2018	シリコンバレー
26	Meicai	農業＆食料	消費者向けサービス	$7B	2014	中国
27	Farmers Business Network	農業＆食料	プラットフォーム	$4B	2014	シリコンバレー
28	Indigo	農業＆食料	生産性向上	$3.3B	2013	マサチューセッツ
29	Zume	農業＆食料	食料サプライチェーン	$2B	2015	シリコンバレー
30	Apeel	農業＆食料	食料サプライチェーン	$2B	2012	ロサンゼルス
31	Pivot Bio	農業＆食料	生産性向上	$2B	2014	シリコンバレー
32	Bowery Farming	農業＆食料	屋内農業	$2.3B	2014	ニューヨーク
33	UPSIDE Foods	農業＆食料	代替プロテイン	$1B	2015	シリコンバレー
34	Nature's Fynd	農業＆食料	代替プロテイン	$1B	2012	イリノイ
35	Plenty	農業＆食料	屋内農業	$1B	2013	シリコンバレー
36	Ynsect	農業＆食料	バイオコンバージョン	$1B	2011	フランス
37	Qdama	農業＆食料	食料サプライチェーン	$1.5B	2014	中国
38	Inari	農業＆食料	生産性向上	$1.5B	2016	マサチューセッツ
39	Perfect Day	農業＆食料	代替プロテイン	$1.5B	2014	シリコンバレー
40	NotCo	農業＆食料	代替プロテイン	$1.5B	2015	シリコンバレー
41	Motif	農業＆食料	代替プロテイン	$1.1B	2019	マサチューセッツ
42	Nxin	農業＆食料	食料サプライチェーン	$1.1B	2004	中国
43	Sila Nanotechnologies	素材＆ケミカル	先進エネルギー素材	$2.7B	2011	シリコンバレー
44	Solugen	素材＆ケミカル	ケミカル	$1.7B	2016	テキサス
45	Grove Collaborative	素材＆ケミカル	消費者向け製品	$1.2B	2012	シリコンバレー
46	Bolt Threads	素材＆ケミカル	先進素材	$1.2B	2009	シリコンバレー

出所：HolonIQ Web サイト https://www.holoniq.com/climatetech-unicorns を基に AAKEL 作成。

| 図表 1-4-1 | ダックカーブ

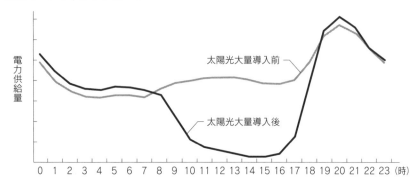

日中は太陽光発電により火力発電所等の集中型電源からの供給が少なくなる

出所：California Independent System Operator 資料を参考に AAKEL 作成

制御は、テスラがネットワーク経由で実施しており、家庭に分散した蓄電池をテスラが束ねる役割を担っていることがポイントである。まだ実証ベータ版という位置付けのため、テスラに利益はなく、参加した家庭に、出力した電力分のインセンティブが支払われる仕組みとなっている。将来的には、テスラが蓄電池を束ね、1つの発電所のような立ち位置を担うことも視野に入っているように見える。カリフォルニア州のように太陽光発電が普及している地域の電力需給は「ダックカーブ[14]」と呼ばれる特徴的な動きをし、朝と夕方の電力需要のピークがとても高く、同様に電力取引市場の価格も高騰する。（図表 1-4-1）

　その高騰時に、家庭に散らばる蓄電池を活用し、電力を売ることができれば大きな儲けにつながる可能性がある。そうしたビジネスも視野に入れながら、開発を進めているのではないかと推察される動きである。

　テスラの VPP の取り組みについては、オーストラリアでも行われており、日本でも宮古島での家庭向けの実証が有名である。これまで個々に製造していた EV、太陽光発電、蓄電池がシナジー効果を発揮する予感が高まる。また、テスラは EV 販売と併せて EV 充電のサービスも提供している。EV が消費する電力量はとても大きく、現在市販されている EV の平均走行距離は 1kWh で 7〜8km

---

14 California ISO　What the duck curve tells us about managing a green grid
https://www.caiso.com/documents/flexibleresourceshelprenewables_fastfacts.pdf

程度である。EVに搭載されている蓄電池の容量は小型のEVを除き、40～60kWhのものが一般的であり、満充電で300~500km前後走る感覚である。EVは家庭で充電するのが一番経済的であるが、集合住宅の住民や外出中の充電にはテスラが提供するスーパーチャージャーが早くて大変便利である。他の急速充電器とは異なり、面倒な手続きはなく、ただプラグを挿すだけで充電が始まり、課金される。そして、充電速度はとても早い。日本ではスーパーチャージャーはまだ限られた場所にしかないが、シリコンバレーには相当数のスーパーチャージャーが設置され、集合住宅の住民でもテスラ車を購入することに躊躇する理由はない。テスラはこのスーパーチャージャーを他のEVにも開放する動きをしていると言われ、それが実現すると充電サービス企業、つまり電力小売の機能を持った企業としても大きな存在感を示す可能性がある。これまでの電力ビジネスは、発電所を作ることが重要であったが、テスラのようなアプローチは、再生可能エネルギーの時代に欠かせない様々な分野を兼ね備える可能性を秘めており、非常にユニークである。将来的に現在我々がイメージするものとはまったく異なる電力会社がテスラによって構築されることも期待される。（図表1-4-2）

| 図表1-4-2 | テスラ将来のビジネスモデル

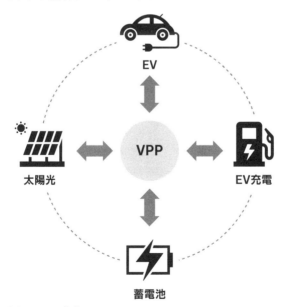

出所：テスラHPよりAAKEL作成

| 図表 1-4-3 | テスラ車の販売台数の推移

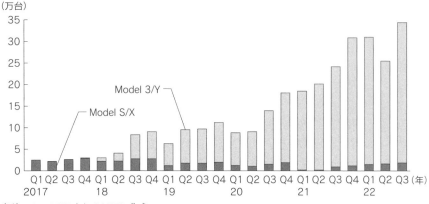

出所：テスラ HP より AAKEL 作成

　いうまでもなくテスラは目下、非常に堅調に成長している。グラフで見ると顕著であるが、テスラは 2018 年から急速に販売台数を増やしている[15] ことがよくわかる。（図表 1-4-3）

　それを牽引しているのが、普及モデルとして位置づけられている Model 3 の販売であったこともグラフから読み取れる。私は 2018 年から 2019 年にかけて、テスラの本社があったパロアルト市に住んでいたが、この時期に日増しにテスラ車が街に増えていくのを目の当たりにし衝撃を受けたことを覚えている。2018 年の夏頃は、テスラ車と言えば高級モデルである Model S と Model X の印象であったが、帰国前の 2019 年夏頃には Model 3 の普及が進み、印象が大きく変わった。そして 2022 年現在、Uber で車の手配をすると、テスラ車が来ることも増えている。カリフォルニアという特性もあるが、テスラ車は珍しいものではなく、みんなが乗っている代表的な車となっている。2017 年にヒットした映画ラ・ラ・ランドの中で、主人公をはじめとする大勢の人がトヨタのプリウスに乗ってパーティーを訪れ、受付に「プリウスの鍵を取って！」と言ってもプリウスの鍵ばかりでどれが誰のかわからないというシーンがある。このシーンも今ならテスラ車となるかもしれない。ただし、テスラの車の鍵は、旧来の自動車の鍵とは異なり、カードキーもしくはスマホではあるのだが。

---

15 テスラ HP　IR 資料　https://ir.tesla.com/#quarterly-disclosure

　ちなみに、テスラ車が日常の光景となっているのは、カリフォルニアだけではなく、香港やロンドン、シンガポールといった世界の大都市でも同様の光景が見られる。なかでも特に香港は驚くほどのテスラ車が走っている。そうした状況は数字に顕著に現れ、2020年には販売台数50万台、2022年には100万台に迫り、毎年倍々ゲームで伸びている。2022年の第3四半期だけで、35万台近くを販売しており、200万台を突破する日もそう遠くない。

　そして、EVの販売で目立たないが、太陽光発電と蓄電池も堅調に売上を伸ばしている。（図表1-4-4）

　テスラは産業用蓄電池のMega Pack（メガパック）と家庭用蓄電池のPower Wall（パワーウォール）を販売している。両製品ともkWhあたりの単価が他メーカーよりもかなり安く、デザイン性も優れていることから販売を伸ばしている。その結果、2021年の1年間で4GWhの導入が行われた。これは原子力発電所1基を4時間発電する電力に相当する規模である。これまでの累積では、10GWhを超えており、テスラは原子力発電所が10時間発電するのに相当する発電能力を世界に所有しているとも言える。

　テスラの歴史を見ると、クライメートテックの特徴がよく表れていて非常に面白い。（図表1-4-5）

　そして、テスラと言えば、イーロン・マスクの印象が強いだろう。しかし2003年の設立時にテスラにイーロン・マスクは存在しない。イーロン・マスクが登場するのは、翌年の2004年であり、シリーズAの投資家として入り、そのまま会長のポストについた。イーロン・マスクは、2002年にPayPal社をイーベイに売却して富を築いたあとに投資家として活動し、そのまま新しい会社のトップについた。こういった彼の経歴は、いかにもシリコンバレーらしさのあるストーリーである。

　イーロン・マスクの考えたテスラの戦略は、最初に世間が憧れるスポーツカーを販売し、ファンと話題を獲得したあとに、高級車シリーズを出し、感度の高い層への認知と自動車のノウハウを蓄積した上で、普及車を販売し一気に拡大するという3ステップであった。そのステップを1つ1つ着実に、しかも辛抱強く実行したのがテスラの歴史である。株価を見るとよくわかるが、その戦略が花開いたのは、実はイーロン・マスクが出資をしてからおおよそ15年が経った2020年になってからである。戦略の最初のステップを実行するために実施したのが、スポーツカーのLotus社との提携である。Lotus社にデザインのサポートを受け、2008年にTesla Roadsterがお披露目された。これを機に話題をさらい、オバマ

| 図表 1-4-4 | テスラの太陽光と蓄電池の販売台数の推移

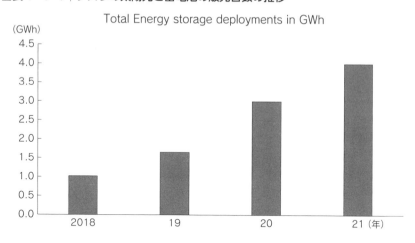

Total Energy storage deployments in GWh

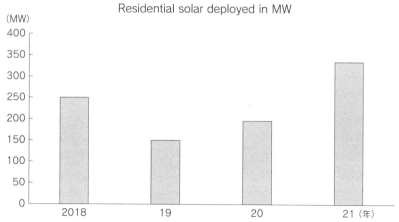

Residential solar deployed in MW

出所：テスラ HP
https://tesla-cdn.thron.com/static/WIIG2L_TSLA_Q4_2021_Update_O7MYNE.pdf?xseo=&response content disposition=inline%3Bfilename%3D %22tsla q4 and fy 2021 update.pdf%22

政権のグリーン・ニューディール政策によって、巨額の支援を受けるとともに、トヨタやドイツのダイムラー（現メルセデス・ベンツグループ）といった世界トップの自動車会社と次々と資本業務提携を結び、その資金で次のステップへの投資を強力に進めたのである。

| 図表 1-4-5 | テスラの歴史と時価総額の推移 |

2003.7	Martin Eberhard（マーティン・エバーハード）氏とMarc Tarpenning（マーク・ターペニング）氏によって米国デラウェア州で設立
2004	Elon Musk（イーロン・マスク）氏がシリーズ A 調達ラウンドをリードし、取締役会長に就任
2005	Lotus 社がデザインをサポート
2007	電気自動車のプロトタイプをお披露目
2008.2	『Tesla Roadster』を発表
2009.5	ダイムラー（Daimler AG）と資本業務提携
2009.7	『Tesla Roadster2』『Roadster Sport』を発表
2010.1	パナソニックと共同で次世代バッテリーを開発することを発表
2010.5	トヨタ自動車と資本業務提携

出所：CompaniesMarketCap.com，テスラ HP より AAKEL 作成

　2012 年に高級車の Model S を発売し、ステップ 2 を実行に移した。さらに 2015 年には、高級車の SUV バージョン Model X を発売。その頃から徐々に自動車メーカーとしての存在感を増してきた。そして、2017 年に Model 3 の発売をスタート。ここからテスラの快進撃が始まり、一気に自動車メーカーとして 1 つの目安となる年間 100 万台を突破するに至るまで成長した。また 2016 年 8 月には太陽光発電大手の Solar City 社を買収し、発電分野を手に入れる。並行して

2014 年に建設を開始した大規模リチウム電池工場 Gigafactory で車載用だけではなく、産業用と家庭用の蓄電池も生産し、蓄電分野にも参入した。前述の通り、2017 年に「TESLA Motors」から「TESLA」に名前を変更したが、自動車からビジネスをスタートし、徐々にエネルギー企業となるべく、1 つ 1 つ時間をかけてビジネスを作り上げていることがよくわかる。数年後には、自動車会社としてのテスラではなく、エネルギー企業としてのテスラが世に知られているかもしれない。

　本章では、クライメートテック時代への理解を深めるために、スタンフォード大学での新たな取り組みや気候変動を食い止めるイノベーション、そしてクライメートテックを代表するテスラについて解説した。

　ビル・ゲイツ、イーロン・マスク、ジェフ・ベゾス、そしてジョン・ドアといった世界の中心にいる人物たちはクライメートテック市場に莫大な投資をし、自ら本を書くなどして、世界を動かそうとしている。シリコンバレーの合言葉に"Make the world a better place（世界をよりよい場所に）"というものがある。現在考えられている better place の要素の 1 つは間違いなくカーボンニュートラルな世界であり、そこに大きな経済圏ができあがっている。我が国はその経済圏でどのようなポジションを築くことができるだろうか。

　第 2 章では、2010 年前後のグリーン・ニューディール政策によりもたらされた、クリーンテックバブルの崩壊と現在のクライメートテックブームについて詳しく述べていきたい。

Speed & Scale
カーボンニュートラルのOKR

　2021 年 11 月、伝説の投資家ジョン・ドアによる著書が出版され、欧米で話題になった。タイトルの「スピード＆スケール」はキーワードとなり、カーボンニュートラルのカンファレンスでは多くの登壇者がそのキーワードを口にする。スピード＆スケールとは、気候変動の危機を食い止めるためには現在の世界の対応では全く足りず、猛烈なスピードと、途方もないスケール（規模）で軌道修正しなければ、破滅的なシナリオに直面するという認識から来ている。書籍には直接書かれてないが、私の理解ではスピード＆スケールのスピード部分は主にスタートアップが担い、スケール部分は大企業や政府のフィールドが担う。そしてスピード＆スケールの両方に大きな投資が求められる。欧州の巨大エネルギー企業が、スタートアップのイノベーションに投資をし続け、そのイノベーションを自社のフィールドに適応してスケールを獲得している状況が、まさにそのスピード＆スケールなのであろう。そして、それはまだまだ足りないというのがジョン・

書籍の表紙

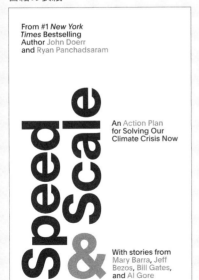

ナプキンに書かれた Objective

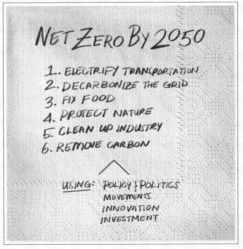

出所：https://speedandscale.com

ドアの主張である。

　この書籍は OKR というシリコンバレーのスタートアップが自社の目標管理に必ず使う手法によって、気候変動問題への処方箋が示されている。OKR とは Objective（目標）と Key Result（成果指標）の組み合わせであり、スタートアップでは 4 半期毎にこの OKR をたて、組織から個人レベルに落とし込んで運用されている。我々の会社でも取り入れており、3ヶ月毎に 1on1（1 対 1）の打ち合わせを行い、個人が何で成果を上げるのかを確認している。元々はジョン・ドアが働いていたインテルの伝説の経営者アンディ・グローブにより開発された手法で、それをジョン・ドアが投資先のグーグルを始めとしたスタートアップに運用を徹底させたことで普及した。ちなみに、ジョン・ドアの前著は「Measure What Matters」（邦題「伝説のベンチャー投資家がグーグルに教えた成功手法 OKR」）という OKR の手法について解説したものである。スピード＆スケールでは 10 の Objective とそれぞれ 2 から 10 個の KR が定義されている。例えば 1 つ目の Objective は、「交通の電化：2050 年までに交通からの GHG 排出量を年 8 ギガトンから年 2 ギガトンまで削減する」とされ、1 つ目の Key Result として「価格：アメリカでは 2024 年までに 3 万 5000 ドル、インドと中国では 2030 年までに 1 万 1000 ドル、EV が新しい内燃エンジン車との価格・性能パリティを達成する」と定義されている。10 の Objective は「1. 交通の電化」「2. 電力の脱炭素化」「3. 食料の見直し」「4. 自然保護」「5. 産業をクリーンにする」「6. 炭素を除去する」「7. 政治と政策で勝つ」「8. ムーブメントをアクションに変える」「9. イノベーションを起こせ」「10. 投資せよ」で、1 から 6 はカーボンニュートラルに必要なテクノロジーの話で、7 から 10 はアクションの話になっている。世界がカーボンニュートラルに必要な取り組みを、自らが広めた OKR の手法によって、見事に描き出している。

　海外のどのカンファレンスに行ってもスピード＆スケールが唱えられているにもかかわらず、日本では全く話題になることがなく、このままではまずいと感じていたが、米国から 1 年遅れの 2022 年 11 月、ようやく日本語訳の書籍が出版され、多くの人々が読めるようになった。日本のカーボンニュートラルの議論でも「スピード＆スケール」がキーワードとなり、グローバルスタンダードな議論についていけるようになることを祈るばかりである。

新しい巨大経済圏の
メカニズム

　本章は、グリーン・ニューディールバブルと現在のクライメートテックブーム
を比較し、現在のトレンドの本質的なメカニズムと力学を炙り出すことを試みた
ものである。これは私が 2019 年 5 月にスタンフォード大学の客員研究員として
発表したレポート、「Technology to Realize Decarbonization」を元にしている。
このレポートはグリーン・ニューディールバブルと現在のクライメートテックブ
ームを比較し、現在のトレンドが持続可能なトレンドか否かの検証を試みたもの
である。それを最新の内容に更新の上、構成している。

2-1 グリーン・ニューディールバブルの崩壊

　クライメートテックを語る際に必ず話題に上がるのが、2010 年前後に起こった
グリーン・ニューディールバブルの崩壊である。グリーン・ニューディールとは
アメリカ第 44 代大統領のバラク・オバマが当選後の 2008 年 11 月に打ち出した
経済政策で「グリーンな産業を生み出し、雇用を創出することで、経済を活性化
させよう」という基本思想を持った取り組みである。当時は 2008 年 9 月の米大
手投資銀行のリーマン・ブラザーズの倒産を契機として起こったリーマン・ショ
ックのまっただ中にあり、その経済危機から脱するために、10 年間で 1,500 億ド
ルの再生可能エネルギーへの投資と、内需拡大による 500 万人のグリーン雇用の
創出を経済政策として打ち出した。その時の投資の内容は太陽光発電や風力発電
など再生可能エネルギーの拡大、バイオ燃料の開発、EV や PHV の普及が中心で
あった。オバマ政権が始まる少し前の 2006 年にクリントン政権下で副大統領を
務めたアル・ゴア制作のドキュメンタリー映画「不都合な真実」がきっかけとな
り、世界的に気候変動問題に対する意識が高まり、大手の VC がこの分野に投資
を進めはじめたことが、グリーン・ニューディールが主要政策として打ち出され
た背景にある。その流れの中で、実際に Sun Power 社や Q-Cells 社といった太陽
光発電関連の企業が IPO を実現し、この分野への投資を勢いづかせた。ちなみに

最近はこの時代を「クリーンテック1.0」とも呼ぶ。

　しかしながら、この流れは長くは続かなかった。2011年頃にグリーン・ニューディール政策で米国エネルギー省（DOE）の融資補償プログラムで融資をうけたスタートアップが立て続けに倒産。最終的には融資を受けた23のスタートアップが倒産したとされている。有名なところとしては5億3500万ドルの融資をうけた太陽光発電のSolyndra社や4億ドルの融資を受けた太陽光発電のAbound Solar社、2億4900万ドルの融資をうけたリチウムイオン電池のA123 Systems社、5億2900万ドルの融資をうけたFisker社などが挙げられる。ちなみにテスラもこの融資補償を受けており、この時に支援を受けた中で生き残った数少ないスタートアップとして知られている。MITのエネルギー研究部門であるMIT Energy Initiativeの分析[1]では、2006年から2011年にかけて250億ドルのVC投資があったが、その半数を失ったとされている。このバブルの崩壊については様々な原因が挙げられているが、大きなところでは米国で起こったシェールガス革命によって燃料価格が大幅に下がり、その結果ガス火力発電所の新増設が進んだ一方、その反動で再生可能エネルギーに対する投資が一気に萎んだことや、太陽光発電のようなハードウェアが、中国との価格競争に完敗したことが挙げられている。このバブル崩壊によってクライメートテックに向けた投資が一気に萎み、しばらくこの分野に対する注目度が下がることとなった。（図表2-1-1）

2-2 クライメートテックブームを作り出した3つの流れ

　10年前に一度崩壊した市場がなぜ今またブームになっているのだろうか。もちろん気候変動問題が深刻化したということが根底にはあるが、それだけでこのブームを理解すると本質を見誤る。以前のグリーン・ニューディールバブルとは異なり、現在のブームは複数の流れが合わさる形で作り出された太くて切れにくいとても大きなブームである。このブームの根幹として、特に3つの流れに注目している。

　1つ目は発電原価の変化である。LCOE（Levelized Cost Of Electricity）と呼ばれる、発電方式毎の建設から廃棄までのライフサイクルコストから導き出される均等化発電原価において、欧米では2010年代前半から中盤のタイミングで火

---

[1] An MIT Energy Initiative Working Paper
Venture Capital and Cleantech: The Wrong Model for Clean Energy Innovation
https://energy.mit.edu/wp-content/uploads/2016/07/MITEI-WP-2016-06.pdf

| 図表 2-1-1 | アメリカ政府補償ローン受領後に倒産した企業の一覧

	会社名	DOE Loan 額	分野
1	Solyndra	$535million	Solar
2	Abound Solar	$460million	Solar
3	Beacon Power	$43million	Energy Storage
4	A123 Systems	$390million	Energy Storage
5	Amonix	$15.6million	Solar
6	Azure Dynamics		Vehicle components
7	Babcock & Brown*1	$178million	Investment Bank
8	Energy Conversion Devices	$13.3million	Solar
9	Ener1	$118.5million	Energy Storage
10	Evergreen Solar		Solar
11	Konarka Technologies	$20million	Solar
12	Range Fuels	$162.25million	Biofuel
13	Raser Technologies	$33million	Geothermal
14	SpectraWatt	$500,000	Solar
15	Stirling Energy Systems	$7million	Solar
16	Thompson River Power LLC	$6.5millon	River power
17	Mountain Plaza	$2million	Gasoline service station
18	Olsen's Crop Service and Olsen's Mills Acquisition Company	$10million	Farming crops
19	Nordic Windpower	$16million	Wind
20	Satcon	$3million	Solar
21	Willard and Kelsey Solar Group	$700,981	Solar
22	Cardinal Fastener & Specialty Co.	$480,000	Fasteners
23	ReVolt Technology	$10million	Energy Storage
24	Solar Trust for America*2	$2.1Billion	Solar

＊1：Babcock & Brown は風力発電に向けた投資においてローンを組成した
＊2：Solar Trust には DOE Loan を決定したものの、支給前に倒産が公表されたため、実際には支給していない
出所：THE GREEN CORRUPTION FILES BLOG, NetAdvisor.org® より AAKEL 作成
　　　http://greencorruption.blogspot.com/2012/10/green-alert-tracking-president-obamas.html#.Y4RZUnbP3SL
　　　https://www.netadvisor.org/2014/02/21/obamas-green-energy-grave-yard/

力発電所よりも再生可能エネルギーの方が安くなった。発電原価が安くなり、再生可能エネルギーの発電所が増えることによって、火力発電所の稼働率が大きく低下する現象が発生した。その結果、特に自由化が進んでいる欧州の巨大エネルギー企業群が、事業継続性の危機感を強く持ち、もの凄い勢いでトランスフォーメーションを始めた。そのトランスフォーメーションの大きな柱の1つとして、自社のベンチャー投資部門であるコーポレートベンチャーキャピタル（CVC）を通したスタートアップへの投資によるイノベーションの取り込みが位置付けられたのである。

　2つ目はIPCC第5次報告書とパリ協定、そしてその後のIPCC第6次報告書を契機とした世界の取り組み姿勢の変化である。世界の科学者達により、気候変動の危機が科学的根拠を持って提示されたことにより、具体的な目標が設定されたことが大きい。2.0度目標や1.5度目標について日本では様々な識者の意見があるが、大事なのは目標値が設定されたということである。前述の「スピード＆スケール」の中で、ジョン・ドアも「壮大な計画を遂行するためには、明確で測定可能な目標が必要だ」と言っている。その目標値が1.5度目標に設定されたことにより、各国がその目標に向けてバックキャスティング的に強制力をもった規制を敷けるようになり、企業や投資家も自らのビジネスの目標やシナリオを設定しやすくなった。現在取り組みが進んでいるTCFDなどはその典型であろう。規制の方向性が見え、それに準拠できない企業に対する事業継続性への懸念から、金融業界も企業に対してプレッシャーをかけるようになった。

　また、パリ協定は世界の大富豪達による投資機会ともなった。自らの莫大な資金の使い道を次の世代への投資に向けようという大富豪で、かつ天才であるビル・ゲイツやジェフ・ベゾスが中心になって設立されたファンドにより、長期的に支え続けられるだけの莫大な資金が供給されるようになったのである。

　そして3つ目はデジタルテクノロジーの進化である。ハードウェアはイノベーションの速度よりも「規模の経済」によるコスト低下のスピードが速く、中国のような製造コストの安い地域が最終的に大きくシェアをとるが、ソフトウェアは収穫逓増のメカニズムが働くため、イノベーションの優位性が効きやすい。この10年でクラウドが普及し、IoTによるビッグデータの収集が可能となり、そのデータを活用したAIのテクノロジーが飛躍的に進化した。こうしたデジタルテクノロジーを活用することにより、クライメートテック企業もハード中心からソフト中心、もしくはハードとソフトを組み合わせたサービス企業にシフトしてきた。そうすることによって、ハードのコスト競争に巻き込まれず、IT企業のようにス

| 図表 2-2-1 | クライメートテックブームの3つの理由

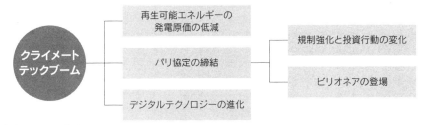

出所：AAKEL 作成

ケールさせることが可能となったのである。

　これら3つの流れを深く理解することが、クライメートテック、そして今起こっている巨大経済圏のメカニズムの本質を理解することとなる。ここから、これらの流れについて丁寧に見ていこう。（図表 2-2-1）

2-3 LCOEの変化による、欧州エネルギー企業の危機感の始まり

　コロナ前の2019年春に、ドイツの大手エネルギー企業RWE社の再エネ部門と配電部門と小売部門を切り出したInnogy社[2]のCVC部門のマネジング・ディレクターであるFlorian Kolb氏に、Innogy社のシリコンバレー事務所で話をする機会に恵まれた。2010年代後半は、欧州の大手エネルギー企業の多くがシリコンバレーにCVC等のイノベーションを取り込むための出先機関を設けて現地のクライメートテックの動向に目を光らせており、Innogy社もスタンフォード大学近くのUniversity Avenueという大学通りに、世界的に有名なデンマークの風力発電Orsted社や、オーストラリアの大手エネルギー企業Origin Energy社等と共に一軒家の2階に事務所を構えていた。

　Kolb氏からはシリコンバレーに事務所を構えた背景や、取り組み内容、注目している投資分野等、幅広くかつ率直に話を聞くことができた。まず、そもそもシリコンバレーに事務所を構えた背景は強烈な危機感から生まれたという。Innogy

---

2　Innogy社は、現在はRWE社と別のドイツ大手エネルギー企業E.ON社に部門を分割して統合。イノベーション部門は主にE.ON側に統合。
https://en.wikipedia.org/wiki/Innogy

49

社の分離前の会社であるドイツ大手エネルギー企業のRWE社は、2010年代前半に欧州の再生可能エネルギーの増加により、自社の火力発電所がほんの数年間の間に全く動かなくなってしまった上に、電力取引価格がどんどん下がって行くという事態に直面した。（図表2-3-1）

　その経験によって、集中型電源の電力をただ売るだけの時代は終わったということを強く実感し、その危機感から会社の構造までも変えるトランスフォーメーションが始まった。発電のポートフォリオを再生可能エネルギー中心に入れ替えると同時に、新しい収益基盤の構築を急ピッチで進めることとなり、その実現のためにあえて会社を分けてInnogy社を立ち上げた。シリコンバレーに加え、イスラエルのテルアビブ、ロンドン、ベルリンにイノベーションに向けた拠点を構え、現地でクライメートテック企業への投資や協業を進めた。特に、データドリブンビジネスモデルと呼ばれる、データに付加価値を与え、顧客にサービスを提供するビジネスの創出に注力し、自社で獲得することのできる膨大なエネルギーデータをクライメートテック企業の技術を活用して、新しいビジネスを創出していた。例えば、シリコンバレーのデータプラットフォームのスタートアップであるIntertrust社のテクノロジーを活用して配電のデジタルプラットフォームサービスを提供するDigikoo社を設立し、ビジネス展開を図っている。また、質の良い案件や情報を獲得するために、シリコンバレーのコミュニティの中心（イン

Kolb氏と筆者

Innogy社のシリコンバレー事務所が入っている家

Kolb氏

| 図表 2-3-1 | Kolb 氏説明のスライド

CHANGE DRIVERS OF THE ENERGY BUSINESS

火力発電所の稼働状況 2009年

Combined-cycle gas-fired power plant
（427WM, 41% net efficiency）

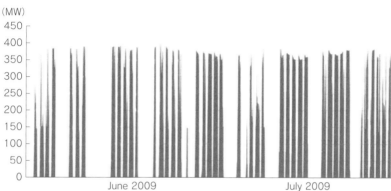

CHANGE DRIVERS OF THE ENERGY BUSINESS

火力発電所の稼働状況 2011年

出所：Gerstein gas-fired power plant（Block F427MW）より Innogy 社作成

ナーサークル）に入り込む活動にも尽力したとのこと。1つは世界の大手エネルギー企業（日本からは東京電力が参加）を集め、Free Electronというスタートアップのアクセラレータープログラムを開催し、世界中のクライメートテックスタートアップとのコラボレーションを進めた。また、スタンフォード大学やシンギュラリティユニバーシティとのコラボレーションや、シリコンバレーで開催されるカンファレンスへのスポンサリング、イベントの開催、メディアへの露出等を積極的に進めたという。

　Kolb氏の話にあったように、欧州のエネルギー企業は再生可能エネルギーの普及拡大の影響により、火力発電所の稼働率低下と電力価格の低下という現象に直面し、事業継続の危機感から2010年代中盤付近より大きなトランスフォーメーションを始めた。これはドイツの企業だけではなく、フランスや英国、南欧の各社でも同様のことが同時に発生した。再生可能エネルギーは、ドイツやスペイン等で2000年代に固定価格買取制度により普及が徐々に拡大したが、大きく転換期を迎えたのは2010年代前半である。2010年代前半に、欧州や米国の一部地域において、太陽光発電や陸上風力発電のLCOEが火力発電よりも安くなったことにより、事業者は火力発電所に投資するよりも再生可能エネルギーに投資をする方が合理的な経済行動に変わった。(図表2-3-2)

　海外のエネルギー企業も日本企業と変わらず、意思決定に時間がかかり、既得権益への固執や、現状からの変化に対する抵抗も強いが、LCOEの逆転により現状への固執を打ち消すだけの強いロジックができたことによって、自ら変化するという大きな決断に至った。2014年春に日本のエネルギー企業の経営者達と欧州視察を行った際に、飛行機でドイツ北部の上空から見た風力発電の多さに驚かされた事を覚えている。ちなみに、スペインのIberdrola社やデンマークのOrsted社といった再生可能エネルギー、特に風力発電で世界をリードしている会社は、そうした流れが加速する少し前の2000年代後半から戦略的な積極投資を始め、現在の地位を確立することに成功した。カーボンニュートラルに対する将来を先読みし、リスクをとって経営の舵を切った結果であり、両者の経営者の能力の高さに驚かされる。再生可能エネルギーと火力発電のLCOEの関係は戻ることのない不可逆なトレンドである。火力発電は、炭素税や排出したCO_2を回収処理するためのコストが乗り、今後益々高くなるのに対し、再生可能エネルギーは製造面で規模の経済が効き益々安くなっていく。再生可能エネルギーの更なる普及には課題も多いが、こうした経済合理性の中で、更に拡大していくことは間違いないであろう。(図表2-3-3)

| 図表 2-3-2 | LCOE の変化 (1)

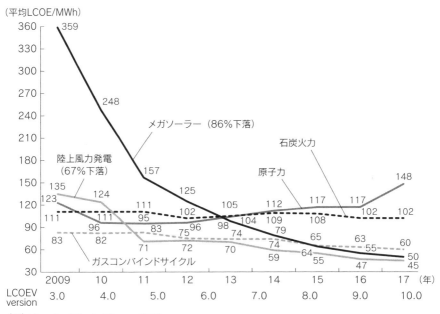

（平均LCOE/MWh）

出所：Levelized Cost of Energy 2017
　　　https://www.lazard.com/perspective/levelized-cost-of-energy-2017

　欧州エネルギー企業のトランスフォーメーションのもう1つの柱はデジタルト
ランスフォーメーション（DX）であった。そして、DX を行うにあたり、自社単
独でのイノベーションではスピード感に欠けると判断し、スタートアップとの協
業や投資を積極的に進めた。ちょうどアマゾンやグーグルが既存事業を飲み込ん
でいった時期であり、デジタルが既存事業をディスラプト（破壊）するというキ
ーワードが踊った頃である。欧州のエネルギー企業もそうした危機感を持ち、自
らをディスラプトする可能性のあるイノベーションを早めに自社に取り込み、新
しい成長につなげていくサイクルを作っていった。
　その成果は具体的に出始めており、トランスフォーメーションに成功する企業
が出てきている。イタリア最大のエネルギー企業の Enel 社[3] は Open Innovability
という組織を立ち上げ、スタートアップとの協業を積極的に進めてきた。ボスト
ンに本拠地をおくインキュベーターである Greentown Labs では最上級のテラ

3　Enel 社 HP　https://www.enel.com

| 図表 2-3-3 | LCOE の変化（2）

新規導入された再生可能エネルギー発電技術による世界のLCOE 2010 年、2020 年）

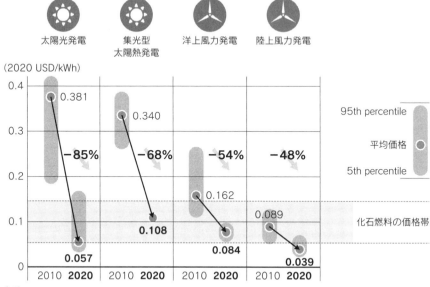

太陽光発電　集光型太陽熱発電　洋上風力発電　陸上風力発電

(2020 USD/kWh)

出所：REN21, RENEWABLES 2021 GLOBAL STATUS REPORT
https://www.ren21.net/wp-content/uploads/2019/05/GSR2021_Full_Report.pdf

　ワットパートナーとなり、施設で大規模なイベントを実施し、スタートアップを含むエコシステム全体に対して自らの欲しい技術をアピールするような事も積極的に行っている。具体的な成果として、デマンドレスポンス（DR）で有名であり、私がアクセンチュア時代にボストンで視察した EnerNOC 社や、シリコンバレー時代に訪問した EV 充電の eMotorWerks 社を買収し、エネルギーの需要家向けデジタルビジネスを行う組織として立ち上げた Enel X[4] のラインナップに乗せ、世界的にビジネスを拡大している。

　オイルメジャーの1社であるシェル[5] も、世界中でスタートアップに対する積極的な投資を行い、時には M&A によって吸収し、自社にそのイノベーションを取り込んできた。蓄電池マネジメントサービスで有名なドイツの SONNEN 社や、私が視察に訪れた少し後に買収が発表されて驚いた分散型エネルギーリソースの

---

4 Enel X HP　https://www.enelx.com/n-a/en
5 シェル HP　https://www.shell.com

アグリゲーターである英国の Limejunp 社、英国の新電力大手の First Utility 社（現 Shell Energy 社）の M&A はよく知られるところである。

　同じくオイルメジャーの BP 社も近年かなり積極的にスタートアップへの投資を進めている。我々もグローバルな企業との資本提携を意識して、海外を回っているが、EV 充電やエネルギーマネジメントのアナリストに、我々の事業に対するアドバイスを求めたところ、調達を考えるのであれば BP 社の CVC である BP Ventures[6] のこの担当者に会うべきだと言われ、シンガポールのカンファレンスで会い、アメリカのカンファレンスでも一緒になった。世界中を飛び回り、インナーサークルの中心で活動していることがよくわかる。EV 分野では蓄電池搭載型の急速 EV 充電器メーカーであるシリコンバレーの FreeWire Technologies 社やニュージャージー州にある EV 充電器向け IoT プラットフォームを構築している IoTecha などに出資をし、EV ビジネスの拡大を図っている。

　グリーン・ニューディールバブルの崩壊により、一旦は萎んでしまったクライメートテックへの投資は、事業継続性に対して強い危機感を持つに至った欧州のエネルギー企業による投資により、再び活性化することとなったのである。（図表2-3-4）

2-4 ｜ パリ協定を基点とした規制強化と金融業界の変化

　2015 年の第 21 回気候変動枠組条約締約国会議（COP21）にて採択された気候変動抑制に関する多国間の国際的な協定、パリ協定により、世界が地球の温暖化に対し産業革命前からの世界の平均気温上昇を 2 度未満に抑える目標と、平均気温上昇 1.5 度未満を目指すという努力目標が定まった。そして、2018 年に国連の下部組織である気候変動に関する政府間パネル（IPCC）の 1.5 度特別報告書により、1.5 度以内に抑えるためには 2030 年までに GHG 排出量を 2010 年比で 45%削減、2050 年までに正味ゼロを達成する必要があるということが示唆された。これらにより各国はバックキャスティング的に自国の排出量に対する目標を定め、それを実現するための莫大な財政出動と規制を敷く事が可能となった。温暖化問題は本質的には上昇温度の幅を設定することではなく、生態系の致命的な破壊や居住不能地帯の拡大を食い止める範囲に気温上昇を抑えるということだが、ジョン・ドアが著書で何度も強調するように、曖昧な目標では実効性のある政策を打

6 BP Ventures HP　https://www.bp.com/en/global/bp-ventures.html

| 図表 2-3-4 | 欧米のエネルギー企業の投資例

エネルギー企業	CVC	スタートアップ投資方針	これまでの主な投資先
ENGIE （フランス）	Engie New Ventures	2014 年に €180M のファンドを設立 ポートフォリオとエグジット計36 社 1 社 €1-5M の戦略投資を行う	Gogoro Czero Opus One Solutions
EDF Energy （フランス）	EDF Pulse Ventures	2017 年に €400M のファンドを設立 現在ポートフォリオは 22 社 1 社 €3-5M の戦略投資を行う	Ekoscan Integrity Enerbrain PowerUp
E.ON （ドイツ）	Future Energy Ventures	シリーズ A のスタートアップに 1社€1-5M、レイターステージには1 社 €5-10M の戦略投資を行うこれまでに 70 社以上に投資	Bidgely Tado Heliatek
Exelon （アメリカ）	Constellation Technology Ventures	2010 年に設立 ポートフォリオとエグジット計28 社 1 社 $2-10M の戦略投資を行う	Bidgely Stem C3 Energy
IBERDROLA （スペイン）	PERSEO	2018 年に設立 €125M の予算で既に €100M を投資 現在ポートフォリオを 8 社に絞り込む 毎年 25 を超える実証を実施	SunFunder Stem Wallbox
Enel （イタリア）	Enel Open Innovability	Enel 社とスタートアップ企業のオープンイノベーションが目的でこれまでに 540 社以上を支援	Myst AI Alesea Aerones
BP （イギリス）	BP Ventures	2012 年に設立 これまで $500M、40 社以上に出資し、9 社がエグジット 5 つの分野に絞り投資を実施	FreeWire Solidia Eavor
Shell （イギリス）	Shell Ventures	1996 年設立の歴史ある CVC 初期投資 1 社 $2-5M、ライフサイクル全体で 1 社 $15-22M の出資を行う	Ample Innowatts Sonnen

出所：各社 HP より AAKEL 作成

　つことは難しい。パリ協定と IPCC 報告書により、世界は共通の目標設定の尺度を持つ事ができ、各国の政策においても、既得権益層を論破する数字的手段をもって、強制力のある規制や財政出動を行う事が可能となったのである。
　主な規制としては石炭火力の廃止、ガソリン車の廃止、再生可能エネルギー導入、建物の太陽光発電設置義務化や断熱・気密性度の設定などが挙げられる。

（図表 2-4-1）

　こうした規制により、それを達成するための新しい市場が生まれることになる。新しい市場はスピードと柔軟性のあるスタートアップにとって、最もその特徴を活かしやすい。新しい市場に対して多くのスタートアップがチャレンジし、新しいテクノロジーや新たなビジネスモデルを創造するというイノベーションの循環が生まれる。

　例えば太陽光関連のイノベーションだけでも以下の例が挙げられる。

- 初期費用ゼロで太陽光発電と蓄電池を設置する PPA モデル
- 地域住民でメガソーラーを共有するコミュニティソーラーモデル
- 蓄電池と太陽光発電の最適発電を行うエネルギーマネジメント
- 太陽光発電の設置にかかる設計や申請、見積作業を簡易にするデジタルツール

　適切な規制は、何かを辞めさせる事以上に、新しい産業を生み出すことにつながるのである。

　また、規制強化により、お金の出し手である金融業界の姿勢も大きく変化することとなった。当然ながら金融機関は、投資回収が可能である事を前提として融資や投資を行う。気候変動対策に向けた世界的な規制強化の流れにより、それに対応できない企業は、企業価値評価を大きく下げ、事業継続の危機を迎えることが明らかとなった。そのため、その流れにあらがう企業に対し、金融機関はダイベストメントという形で融資や投資を取り下げ、プレッシャーをかけるようになったのである。もちろん預金者等に向けた投資姿勢の表現として気候変動に賛同するということもあるが、基本的には対応しない企業に融資すると、回収できないリスクが高くなることが本質的な背景としてある。金融業界の投資姿勢の変化というのは世の中のムーブメントとみるのではなく、経済的合理性を背景にした理由として理解する事が適切である。そして、こうした金融業界からのプレッシャーにより、大企業側の動きも加速せざるを得ない状況が生まれたのである。

（図表 2-4-2）

| 図表 2-4-1 | 各国の主な規制

		主な規制	新たなビジネス
自動車	イギリス	2030年までにガソリン車とディーゼル車の新車販売を禁止	・EV ・EV充電 ・FCV ・水素充塡 ・都市交通 ・自動運転
	フランス	2035年までにガソリン車とディーゼル車の新車販売を禁止（2022/6/15）	
	ドイツ	2030年にEV保有台数を1500万台に増やす目標。ガソリン車の販売禁止は見送り	
	カリフォルニア	2035年までにガソリン車の新車販売を禁止	
	EU	2035年までにHV、PHVを含むガソリン車の新車販売を禁止	
石炭火力	ドイツ	段階的廃止完了時期を2038年から2030年に前倒しする計画	・再生可能エネルギー ・原子力 ・CCS
	イギリス	2024年10月までに全廃（ウクライナ情勢を受け、一部稼働延長）	
	EU	COP26の合意に基づき、対策のない石炭火力の段階的な削減を求める	
太陽光発電設置義務化	カリフォルニア	2020年1月から州内全ての新築低層住宅に原則義務化。2022年の法改正で対象を拡大	・PPA ・コミュニティソーラー ・蓄電池 ・エネマネ
	ドイツ	2022年9月時点で国内16州のうち7州が義務化	
	EU	2029年までにすべての新しい建物に設置を義務化	
産業	イギリス	2035年までに産業部門のCO_2排出量を2018年比で3分の2削減、2050年までに90%削減する目標	・水素 ・CCS ・産業用蓄電池 ・エネマネ
	ドイツ	EU-ETS、産業部門の年間GHG排出量上限を導入。「国家水素戦略」の下、脱炭素化へのカギとして水素利活用を推進する方向	

出所：各国公表資料

| 図表 2-4-2 | 金融機関の主なダイベストメント |

ノルウェー政府年金基金（GPFG）	2015	保有する石炭関連株式をすべて売却する方針を決定
米国カリフォルニア州公務員退職年金基金（CalPERS）	2015	石炭掘削から50%以上の収益を得ている企業から投資撤退するという方針を公表
ロックフェラー・ファミリー・ファンド	2016	化石燃料関連への投資を中止し、保有する石油大手エクソンモービルの株式も売却すると表明
米金融大手JPモルガン・チェース	2016	世界中の未開発炭鉱への新規融資を行わず、新たな石炭火力発電所への融資もしないなど、広範囲な石炭産業からのダイベストメントを発表
仏BNPパリバ 蘭INGグループ 仏クレディ・アグリコル 仏ソシエテ・ジェネラル 英ナットウエスト・グループ （旧RBS）	2016～2018	石炭発電事業者および新規石炭火力発電プロジェクトの融資禁止の方針を公表
世界銀行グループ	2019	石油・ガスの上流事業への投融資を停止
オランダ大手年金基金ABP	2020	運用ポートフォリオ全体のCO_2排出量を2025年までに2015年比で4割削減する目標を打ち出し、石炭関連の投資縮小などを表明
欧州投資銀行（EIB）	2021	発電も含む石油・ガス関連事業への新規融資を停止
米ニューヨーク市	2021	市が管理する3つの退職年金で化石燃料企業の証券を合計30億ドル売却すると発表。2022年3月までに再生可能エネルギーや環境に配慮した不動産などに資金を移し、2040年に年金の運用資産全体の温暖化ガス排出量を実質ゼロにする方針
米ボストン市	2021	2025年末までに、同市のファンドで化石燃料事業へのダイベストメントを義務付け、化石燃料事業収益で15%以上を稼ぐ企業へ公的資金を投じることを禁止した
カナダ・ケベック州	2022	貯蓄投資公庫も化石燃料から投資撤退し、再生エネなどへの投資を増やす方針を出した

出所：各組織公表発表資料

2-5 ビリオネア達の登場

　2015年のパリ協定は、政府の規制に向けた動きだけではなく、もう1つの大きな投資の流れを生み出した。マイクロソフトの創業者であるビル・ゲイツが中心となり、気候変動に立ち向かうための研究開発を促進するための組織、ブレークスルー・エナジー[7]を立ち上げた。この組織は、COP21の前に開催国フランスの当時の大統領のフランソワ・オランドとビル・ゲイツとのコミュニケーションに

より生まれたものであると、ビル・ゲイツの著書『How to avoid a climate disaster（邦題：地球の未来のため僕が決断したこと）』に記されている。2000年代後半頃から気候変動への関心を高め、イノベーションと新規投資を世界に訴える機会を探していたゲイツと、民間の投資家をCOP21に参加させたがっていたオランドの両者の思惑が重なり、パリ協定のタイミングに合わせブレークスルー・エナジーの発表を行った。政治的にはパリ協定が採択し、政府による研究資金の倍増も決まり、両者にとって期待通りの成果を収める事ができたのがCOP21であった。

　ブレークスルー・エナジーはクライメートテックへの投資を行うベンチャーファンド機能、クリーンテクノロジーの初期の商業プロジェクトを支援する機能、政策提言を行う機能、第一線の研究者の研究を支援する機能等、イノベーションを実現するためのさまざまな方面に対する支援を行う機能を有している。（図表2-5-1）

　その中でもクライメートテックへの投資を行うベンチャーファンド機能である

｜図表2-5-1｜ブレークスルー・エナジーの取り組み構成

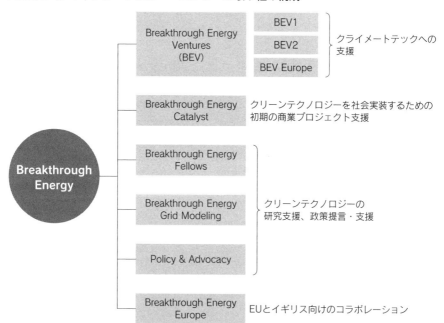

出所：Breakthrough Energy HPよりAAKEL作成

ブレークスルー・エナジー・ベンチャーズ（BEV）のインパクトが大きい。これまで3つのファンドを立ち上げ、1号ファンドが10億ドル、2号ファンドが12億5000万ドル、3号にあたるブレークスルー・エナジー・ヨーロッパが1億ユーロのサイズで運営している。2022年11月現在でこれらファンドから75のクライメートテック企業への出資を行っている。（図表2-5-2）

　このファンドは基本的に個人のビリオネアからの出資によって成り立っている。ビル・ゲイツに加え、アマゾンのジェフ・ベゾス、Alibaba社のジャック・マー、前述の伝説の投資家のジョン・ドア、ソフトバンクの孫正義、Virgin Groupのリチャード・ブランソン、Sun Microsystems社の共同創業者で環境エネルギー分野の投資で有名なKhosla Ventures社のビノッド・コースラ等が名を連ねている。短期でリターンを迫られる法人ではなく、長期的な投資に耐えることのできる潤沢な資金を持つ個人による投資ということと、そこに連なるメンバーが世界に対して大きな影響力を持つ個人の集まりであることの意義は大きい。出資している個人は、ただ気候変動問題に対する善意で出資しているわけではないことは言うまでもない。この集団に入ることは、世界で最も良質な長期的な投資機会のチャンスを得ることと同義なのである。所謂、クライメートテック分野のインナーサークルであり、ブレークスルー・エナジーに集まる世界有数の科学者、エンジニア、アナリスト等の専門家集団から質が高く最先端で、鮮度のいい情報を得る事ができ、共同でそれらの投資を成功に導く事ができる。ビル・ゲイツと投資家達はありとあらゆる手段とネットワーク、そして自らの莫大な資金を使い成功するまでやり続けるであろう。つまり失敗しない座組みを作り上げたのである。全固体電池のQuantumScape社等、既にIPOを成功させた企業も出ており、長期的に大きなリターンを生むことは間違いない。

　ブレークスルー・エナジーの中で、新しいクリーンテクノロジーの社会実装を加速させるための初期の商業プロジェクト支援を行うブレークスルー・エナジー・カタリストは、政府からの支援と民間企業からの投資で構成されている。政府としてはEUと欧州投資銀行、英国政府、そして米国エネルギー庁が参加している。民間企業としては鉄鋼の世界最大手ArcelorMittal社、航空会社のアメリカン航空、投資銀行のBlackRock等の世界的な大手企業で構成され、そのなかに日本の三菱商事も名を連ねている。BEVと同様、ブレークスルー・エナジー・カタリストへの出資は、クライメートテックのインナーサークルに入るための1つ

7　ブレークスルー・エナジーHP　https://breakthroughenergy.org

| 図表 2-5-2 | BEV の主な投資先

会社名	カテゴリ	セクター	設立年度	投資ステージ	説明
75F	エネルギー&パワー	建物	2012	Shipping Product / Pilot	発酵プロセスを用いて持続可能なコンフリクトフリーのパーム油を製造する
C-Zero	エネルギー&パワー	水素	2018	Shipping Product / Pilot	メタンを水素と固体炭素に分解する脱炭素化技術の開発を行う
CommonWealth Fusion Systems	エネルギー&パワー	核融合	2017	Product Development	高温超電導体を用いた先進的核融合技術の開発を行う
Dandelion Energy	エネルギー&パワー	地熱	2017	Shipping Product/Pilot	ソフトウェア対応住宅のための冷暖房および温水用地熱システムの開発を行う
Fervo Energy	エネルギー&パワー	地熱	2017	Wide Commercial Availability	強化地熱システムを利用した発電技術を開発する
Malta	エネルギー&パワー	エネルギー貯蔵	2018	Product Development	熱による電力貯蔵（ETES）ソリューションを開発する
Natel Energy	エネルギー&パワー	エネルギー貯蔵	2005	Shipping Product / Pilot	魚にとって安全な水力発電のタービン（RHT）と衛星・AIによる資源監視・管理ソフトの開発を行う
QuantumScape	エネルギー&パワー	エネルギー貯蔵	2010	Product Development	エネルギー貯蔵アプリケーションのための電子／ホール酸化還元を利用した新しい電池技術の開発を行う
Sparkmeter	エネルギー&パワー	建物	2013	Wide Commercial Availability	農村部のマイクロ送電網から既存の都市部のセントラル送電網設備まで、包括的な低コストメータリングソリューションを提供する
WeaveGrid	エネルギー&パワー	エネルギーネットワーク	2018	Shipping Product/Pilot	電力会社の EV グリッド統合の課題を解決する機械学習ソフトウェアの開発を行う
Mission Zero	資源&環境	炭素回収・利用・貯蔵（CCS）	2020	Product Development	大気中からの CO_2 分離回収技術（DAC）と点汚染源炭素回収技術の開発を行う
Pachama	資源&環境	天然資源	2018	Shipping Product/Pilot	衛星と LiDAR（リモートセンシング技術の一つ）を用いて炭素貯蔵量を推定するソリューションの開発を行う
Verdox	資源&環境	炭素分離回収・貯留（CCS）	2019	Product Development	電気スイング吸着による空気中の炭素を直接回収する技術を開発する

会社名	カテゴリ	セクター	設立年度	投資ステージ	説明
CarbonCure	資源＆環境	炭素回収・利用・貯蔵（CCS）	2012	Wide Commercial Availability	コンクリート製造のための永久的な炭素除去技術の開発を行う
Brimstone	素材＆ケミカル	産業用材料	2019	Product Development	カーボンニュートラルなセメントと補強用セメント材料の製造技術を開発する
Solidia	素材＆ケミカル	産業用材料	2008	Shipping Product/Pilot	サステナブルセメント・コンクリートの製造を行う
Iron Ox	農業＆食料	屋内農業	2012	Wide Commercial Availability	モジュール型農業用ロボットと農業プロセスの開発を行う
Motif	農業＆食料	代替タンパク質	2019	Wide Commercial Availability	次世代の植物由来健康食品への食材開発を行う
Max	交通＆ロジスティクス	電気自動車サービス	2015	Wide Commercial Availability	オートバイタクシーアプリの運営とモビリティサービス提供のための車両購入や資金調達を行う
Albedo	イネーブリング技術	地理空間画像、モニタリング、位置調整	2020	Product Development	より高い解像度で画像を取得する低軌道衛星の運用を行う

出所：BEV HP より抜粋

投資先内訳

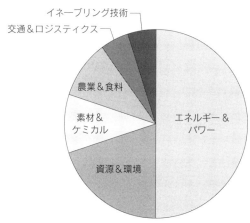

出所：BEV HP より AAKEL 作成

の手段とも言えよう。ブレークスルー・エナジー・カタリストは4つの技術を注力技術として挙げている。1つ目は産業向けのクリーン水素、2つ目が大気からCO_2を回収するDAC（Direct Air Capture）、3つ目がクリーンで信頼性の高い電力を供給するための長期エネルギー貯蔵、そして最後の4つ目が航空用クリーン燃料であるSAF（Sustainable Aviation Fuel）である。ちなみに、これらの技術は以前からビル・ゲイツ個人が重点的に投資をしてきた分野でもある。つまり、政府と民間の資金を活用し、自らの投資を成功させるための仕組みを作り上げたとも言える。ここで言う投資の成功とは、お金的な意味に加え、GHG排出量の削減でもあり、ビジネスと社会的意義の両方を両立させる仕組みとも言える。このスキーム自体がとても大きなイノベーションでもあるのである。

　パリ協定は単なる政府間の合意ではなく、それを契機とした目標設定による、政府の規制強化と財政出動、金融機関の投資行動の変化による民間企業へのカーボンニュートラル対応への大きなプレッシャーという一連の流れと、ビリオネア達の長期的で社会的意義も含んだ大きな資金の拠出という流れを生み出した。それらの流れにより、インパクトのあるイノベーションに向けて長期的かつ大きな投資が必要なクライメートテックの成長に資金が供給される流れが出来上がったのである。

2-6 デジタルテクノロジーの進化

　2007年にスティーブ・ジョブズがiPhoneを発表してから、世界は一気にデジタル化の波に飲み込まれた。誰もが手元にスマートフォンというコンピューターを持つことにより、消費者自身が画像や動画を作成・発信できるようになり、世界のデータ量は爆発的に増加した。また、その前年に発表されたAmazon Web Serviceにより、我々は記憶容量（メモリ）と処理能力（CPU）の制約から解放され、使いたい時に必要なだけのコンピューター性能を利用することが可能となった。その結果、IoTによるリアルタイムでのビッグデータ取得が可能となり、そのビッグデータの利用によりAIが発展することとなった。そのAIが人間の目や耳よりも精密に情報認識できるようになり、それらを利用して、最近では自動車やロボットのようなハードウェアを自動で制御するようにもなってきた[8]。

---

[8] 『シリコンバレー発 アルゴリズム革命の衝撃 Fintech, IoT, Cloud Computing, AI…アメリカで起きていること、これから日本で起こること』櫛田健児著、朝日新聞出版

　多くの産業がこのデジタル化の波によって、大きな変化を遂げた。クライメートテック企業も例外ではなく、この10年でデジタルをベースとする企業が大幅に増加した。

　例えば、次のような分野でデジタルテクノロジーが使われている。

- 発電や需要、市場等の予測をAIが行い、空調設備や蓄電池の制御をIoTによって自動で行うエネルギーマネジメントシステム
- 画像認識AIを活用し、作物の生育状態に合わせて、イチゴやアスパラガス等の繊細な食物を、ロボットが収穫するような室内農業のテクノロジー
- 何千万通りある組み合わせの中から、AIにより植物の組み合わせを抽出し、本物の肉と同じような味を再現する代替肉のテクノロジー
- 車につけたIoTから収集した位置情報や充電量のデータから、AIによって最適な充電場所や充電時間を指示・制御するEVフリートマネジメントシステム
- 位置情報とセンサーと画像認識AIから、自動走行と安全な運転を可能とした空飛ぶタクシー
- 衛星情報と過去の天候情報から、今後の災害やその規模を、AIを使って予測するテクノロジー

　一方で、グリーン・ニューディールバブルの際に、米国政府のローンを受けた後に倒産した企業のほとんどは太陽光発電や蓄電池、EVといったハードウェア中心の会社であった。(図表2-6-1)

　前述の通り、倒産の原因は米国のクライメートテック企業の研究開発によるハードウェアとしての性能向上のスピードよりも、中国企業の規模の経済の獲得による製造コストの劇的な低下に伴い、性能向上による優位性が全くなくなってしまったことにある。ハードウェアだけでは量産化のタイミングで労働力の安い地域には勝てない事が明らかになった。第2章の冒頭で触れたグリーン・ニューディールバブルの分析を行った、MIT Energy Initiative の The Wrong Model for Clean Energy Innovation の中でも似たような分析がされている。当時投資が加速した企業を分類してパフォーマンスを比較したところ、ハードウェア組み立て系と新素材・化学・製造プロセスの分野は、投資回収が全くできなかったのに対し、唯一ソフトウェアの企業群のみがVCの期待するレベルでの投資回収を実現していたことを明らかにしている。巨額の資金が必要で、開発期間が長く、商品市場

| 図表 2-6-1 |　グリーン・ニューディール時の倒産企業の業種の比率

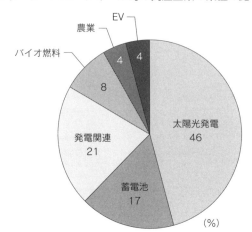

出所：THE GREEN CORRUPTION FILES BLOG より AAKEL 作成

で競争力がなく、M & A を志向する大企業を惹きつけることができない産業が、VC の投資回収期間に合わず、衰退していった。ちなみに、第 3 章の最後にある、Cleantech Group CEO のリチャードは、このことについて、クリーンテック全体のバブルという言い方は適切ではなく、一部の産業のバブルが弾けたのであり、当時起こったことは太陽光バブル、バイオ燃料バブルと呼ぶべきであると指摘している。

　現在のクライメートテックブームの多くの企業は、多かれ少なかれデジタルテクノロジーを活用し、単純なハードウェア企業ではなくなっていることを理解すべきであろう。ハードウェアの生産コストの低下は規模の経済にあるように、段々となだらかになる収穫低減の曲線を描く。一方でソフトウェアの生産コストの低下は、生産すればするほど指数関数的に下がる収穫逓増の曲線を描く。1 つのソフトウェアを作るのには時間とコストがかかるが、2 つ目以降はコピーとなるため、どんどん安くなるのである。デジタルテクノロジーを活用してソフトウェアサービスを提供するということは、この収穫逓増の法則を利用するということである。（図表 2-6-2）

　収穫逓増の法則を活用したサービスは規模の経済の競争に巻き込まれることがない。現在のクライメートテックブームの多くの企業がこうした側面を取り入れたものとなっていることが、グリーン・ニューディールバブルの時との 1 つの違いとも言える。多くのクライメートテック企業がハード中心からソフト中心、も

｜図表 2-6-2｜収穫低減と収穫逓増の曲線

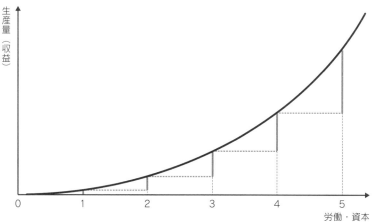

収穫逓増の法則（限界生産力逓増の法則）
生産要素、すなわち労働や資本など、費用を1単位ずつ投じた結果得られる生産量（収益）
の増加分がどんどん増えていく状態。例えばソフトウェアのようにCD1枚つくるのには
ものすごいコストがかかるが、2枚目以降はコピーをするだけになり、生産すればするほ
ど、1枚当たりの単価が減っていくような産業に特徴的な動き。

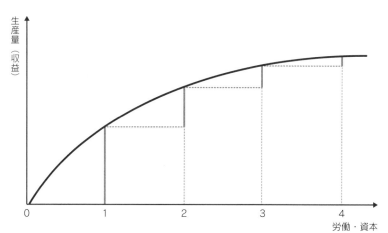

収穫逓減の法則
生産要素を追加するとコストがかさみ、追加1単位あたりの収益増加分が減っていく状態。
例えばハードウェアの製造のように、製造に部品が必要なものは少量から大量に移行する
に従い、製造機械の導入等により生産性があがるが、規模が一定以上大きくなるとその生
産性の上昇が、緩やかになるような産業に特徴的な動き。

出所：https://www.oricon.co.jp/article/134998/

| 図表 2-6-3 | Cleantech100 のデジタル活用企業の比率の変化

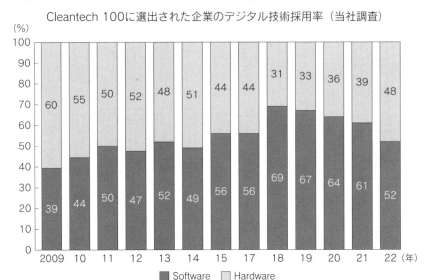

Cleantech 100に選出された企業のデジタル技術採用率（当社調査）

出所：Cleantech Group "Cleantech 100" をもとに AAKEL が分析・作成

しくはハードとソフトを組み合わせたサービス企業にシフトし、IT 企業のように
スケールさせることが可能となったのである。

　実際にCleantech100 リストに選ばれる企業の中身を見ると、年々ソフトウェア
中心の企業が増えている事がわかる。2010 年台前後は 40％程度だったものが、
現在では60％程度まで上がり、半数以上の企業がソフトウェアを絡めた会社に代
わっているという変化を見ることができる。（図表 2-6-3）

　なお、ここ 2 年は水素と CCUS 関連の企業が大幅に増えたため、ソフトウェア
中心の企業が減少傾向である。水素や CCUS については、場所を選ぶビジネスで
あり太陽光のような中国との製造競争になるような産業ではない。また、巨額の
資金が必要で、開発期間が長いビジネスである。しかしながら、ここまでの解説
の通り、今は長期の投資に耐えることができる投資家がそれらを支えており、そ
の点では、グリーン・ニューディールバブルで起きたのと同様のことは起きにく
いのではないかと思われる。

2-7 クライメートテックブームのこれから

　これまで見てきたように現在のクライメートテックブームは、10年前に崩壊したグリーン・ニューディールバブルと本質的な部分で大きく異なる。様々な点において、クライメートテックに対する投資の流れは不可逆な流れとなっていることが理解できたのではないだろうか。ここまで見てきた内容をグリーン・ニューディールバブルとの比較で再整理してみたい。（図表2-7-1）

規制

　まず、最も大きな違いは、カーボンニュートラルに向けた明確な目標値と、それに向けた法的拘束力のある規制が敷かれた事である。グリーン・ニューディールバブルの際は、EUでEU 20-20-20という2020年までに1990年比でGHGの20%削減、再生可能エネルギーの比率を20%、エネルギー需要の20%減を行うと言ったような目標はでてきたが、いつまでに、どの程度のGHG排出を削減しなければ気候変動を食い止められないのかは明確ではなかった。そのため、バックキャスティング的な発想から敷かれた目標値はなく、現在のような厳しい規

| 図表2-7-1 | グリーン・ニューディールバブルとクライメートテックブームの違い

出所：AAKEL作成

69

制が敷かれることはなかった。現在のブームの源泉の1つは規制であり、その強制力に向けて国も産業も動かなければならなくなっている。今やクライメートテックへの投資は Nice to Have（したほうがいい）のではなく Must（しなければならない）状況なのである。そして、その規制から、カーボンニュートラルに取り残された企業の事業継続性が懸念され、金融業界がダイベストメントという呼び方で、投資を引き揚げるという一連の流れが出来上がり、ますます変革に向けた動きが加速するようになっている。

投資家

　次に、投資家の質が大きく異なる。10年前はシリコンバレーのサンドヒルロードに並ぶVCが主な資金供給者であった。VCは短期的に大きく成長することを期待して投資を行うのが行動様式であるが、クライメートテックは長期的に大きな投資を必要とするものであり、VCとは根本的に成長のサイクルが合わない。そのため、バブル崩壊後はなかなか戻ってこなかった。一方で今回のブームを資金面で支えているのは、自社の事業継続性に強烈な危機意識を持っているオイルメジャーや欧州の大手エネルギー企業のCVC、そしてビル・ゲイツを始めとしたビリオネアの集団であり、長期的な投資を前提にクライメートテック企業を支えることのできるプレーヤーたちである。加えて、それらは投資先が成功するために、ありとあらゆる手段を駆使することができる、世界の中心にいるプレーヤーでもある。また、そうした流れの中で、政府からの資金も潤沢に注ぎ込まれることとなった。そのため、優良な投資家からの資金提供を受けたクライメートテック企業は、長期的に安心してイノベーションを追求することができる環境になっている。

テクノロジー

　そして、利用しているテクノロジーの質が変わった。デジタルテクノロジーの進化により、ハードウェア中心からソフトウェア中心の企業が増え、単純な製造コストの競争から解放された。技術的優位性を活かしやすく、いきなり事業が立ち行かなるということが少なくなったのである。

　つまり、現在のブームは、以前崩壊したバブルとは異なり、サステナブルなブームなのである。もちろん多少のアップダウンはあり、調整局面もでてくるであろう。しかしながら、何年間も調整が続くという類のものではなく、あくまでも右肩上がりに上昇するサイクルの中での短期的な調整になると考えられる。「お

金」も「規制」も「テクノロジー」も全て揃って進むトレンドは歴史的に見てもそうそうないのではないだろうか。間違いなく、GAFAを中心としたIT業界に代わる新しい巨大経済圏が誕生しようとしているのである。

　ただし、懸念が全くないわけではない。特にこの2年のVCからの資金流入の増加には注意が必要かもしれない。グリーン・ニューディールバブルの崩壊から10年経ち、当時の事を知らないキャピタリスト達が、この業界に対する正しい理解をもたないまま、クライメートテックへの投資を加速させているように感じることも多い。以前のようにハードウェア企業が立て続けに倒産するということはないかもしれないが、数年経つとその時間軸の長さに気付き、投資がスローダウンする可能性はある。思うようなリターンを出せずに、解散するファンドもでてくるであろう。クライメートテックへの投資は、IT系とは比べ物にならないくらい専門性が必要であり、難しい。そして成功したとしてもスケールするまでに時間がかかる。キャピタリストの技量が高度に問われるが、そうした実力と専門性をもったキャピタリストはシリコンバレーといえどもそうそういない。

　前出のビル・ゲイツの著書に「これは巨大なビジネス・チャンスでもあるからだ。炭素ゼロの企業や産業をつくった国が、この先数十年の世界経済を牽引することになる。」という一節がある。これが多くのビリオネアがこの分野に投資をする本質であろう。我が国がこの新しい巨大経済圏に対し、どのような姿勢で臨むべきか、今まさに問われている。

　カーボンニュートラルの目標は2050年であり、このあと30年近くにわたり我々人類はこの課題に取り組むことになる。投資も超長期的なものになるであろう。ただし、投資のピークが来るのはこれから5年程度の2023年から2028年の間になると言われている。問題への対処は長期間になるが、そのためのイノベーションを生み出すのはこれから10年間が勝負となる。フロントローディングという言葉がある。これは前半の工程に集中的に資源を投下して完成度を高め、後続はその実装に向けて粛々と進んでいく事をいう。カーボンニュートラルのイノベーション開発はまさにそれが当てはまり、実現可能性を初期の段階でしっかり高めた上で、社会実装に向けて1歩1歩着実に実証を積み重ねながら、徐々にスケールしていく進め方となる。そう、これから5年間が、この巨大経済圏に乗れるか、もしくはIT産業のようにまたもや乗り遅れてしまうかの分岐点なのである。

「Japan Come on!」
スタンフォードグローバル エナジーフォーラム2018[9]にて

　「Japan Come on（何やってんだ、日本は……）」。これはレーガン政権で国務長官を務めた、当時97歳のジョージ・シュルツが声を張り上げて叫んだ言葉であった。2018年の11月1日、2日にスタンフォード大学で行われたグローバルエナジーフォーラム（以下GEF）のクロージングセッションは、スタンフォード大学に教授として席を置く3人の元長官による討論であった。その冒頭に話を始めたジョージ・シュルツは、気候変動問題について「この問題の解決に向けた実行可能なソリューションが既に並んでいることは期待が持てる状況であるが、一方で現状についてはとても憂慮している。危急の状況に対して取り組みが加速していない。日本などは未だに石炭火力発電所を建設しているというじゃないか。何やってんだ、日本は（Japan Come on）」と語ったのであった。日本では海外で進む気候変動対策に対して、「あれは欧米の産業政策であり、その企みに日本は巻き込まれてはいけない。高効率の石炭火力は……」と言った論調をよく耳にするが、米国の元国務長官によるその一言は、そんな狭い了見で石炭火力を批判しているようには到底思えない純粋な言葉であり、世界の議論と日本の論調との間の大きなギャップを感じた瞬間であった。

　スタンフォード大学で開催されるGEFは、2017年までコロラドで開催されていたものを、カーボンニュートラル時代に向けてスタンフォード大学が引き継ぎ、内容も米国中心のものからグローバルな視点のものにアップデートしたカンファレンスである。私はアクセンチュア時代に世界中のエネルギー関連のカンファレンスに参加をした経験があるが、このGEFのスピーカーと議論の充実度は群を抜いていた。2018年はジョージ・シュルツに加え、ジョージ・ブッシュ政権の国務長官のCondoleezza Rice、クリントン政権の国防長官のWilliam Perry、オバマ政権のエネルギー長官でノーベル物理学賞を受賞しているSteven Chuの4名のスタンフォード大学教授がホストとなり、政財界の大物達による議論が繰り広げられた。大手エネルギー企業のCEOやSVP、グーグルのリードサイエンティスト、VCのトップ、シリコンバレーの話題のスタートアップの創業者等々、どのセッションも最先端でグローバル視点のハイレベルなものであった。また、

9　https://gef.stanford.edu/global-programs/global-energy-forum/global-energy-forum-2018

大学にゆかりのある、シリコンバレーのクライメートテック関連スタートアップ30社以上のデモが庭で展開され、Steven Chu などもそれらのイノベーションを興味深く見て回り、創業者達に質問を浴びせていた姿が印象的であった。そこに集まっていたクライメートテック関連スタートアップはシリコンバレーにあるスタートアップのほんの一握りであり、その層の厚さに驚かされると同時に、イノベーションというのはこのようにして発展していくということを肌で感じた。2018年のGEFのハイライトはビル・ゲイツの講演であった。講演内容は、その後に出した自らの著書のサマリーのような内容で、なぜこの問題に関心を持ったか、から始まり、再生可能エネルギーだけでは十分でない理由、原子力発電や蓄電池、輸送や農業分野等々のイノベーションの重要性について、具体的な数字を出しながら独特の高い声で熱く語っていた。

　これがトランプ政権によってパリ協定を脱退している期間である2018年時点の米国の状況であった。カーボンニュートラルに向けて既に政治も経済も大学も、とても強い危機感を持ちながら、一方でイノベーションの可能性を強く信じ、全力で取り組んでいた。その当時、日本は残念ながら議論は進んでおらず、それが始まるのはそれから2年後の2020年10月末に当時の菅総理がカーボンニュートラル宣言をしてからであった。

第**3**章
クライメートテック企業の
特徴

3-1 ｜ クライメートテックのエコシステム

　クライメートテックはスタートアップを中心に、そのスタートアップのスピードをスケールさせるためのエコシステムが出来上がっている。エコシステムには投資家である CVC、ビリオネア、VC、投資家機能に育成機能を持ち合わせたインキュベーターとアクセラレーター、補助金などによってその成長を支える政府、自治体、基礎研究を進める大学や研究機関、そしてスタートアップやカーボンニュートラルを応援するメディアによって構成されている。そして、そのエコシステムの中心はやはりシリコンバレーなのである。**図表3-1-1** は、クライメートテックの主要プレイヤーをまとめたものであるが、国別に見るといかに米国が多いかがよくわかる。そして、そのほとんどがシリコンバレーに集中している。カーボンニュートラルの取り組みは米国よりも欧州の方が進んでいるが、第2章で述べたように、欧州の投資家もそのイノベーションとスピードを獲得するために、シリコンバレーに事務所を構えている。

　日本企業やスタートアップがこのエコシステムに入り込むにはどうしたらいいのだろうか。そのプレーヤーの特徴を1つ1つ解説していきたい。

CVC（Corporate Venture Capital）

　第2章で述べたように、2010年代中頃から CVC や企業からの投資がクライメートテックの成長を支えてきた。特に存在感が大きいのが、欧州のオイルメジャーである。特に英国の BP、オランダのロイヤル・ダッチ・ペトロリアムと英国のシェルが合併してできたロイヤル・ダッチ・シェル、フランスのトタルエナジー、カリフォルニアのシェブロンは巨大資本を背景に、かなり積極的にスタートアップへの出資や M&A を始めている。また、欧州の大手電力・ガス会社の存在感も大きい。英国の Centrica 社、フランスの EDF 社と Engie 社、ドイツの E.ON 社と RWE 社、イタリアの Enel 社、スペインの Iberdrola 社なども多くの投資を

| 図表 3-1-1 | クライメートテックのエコシステム

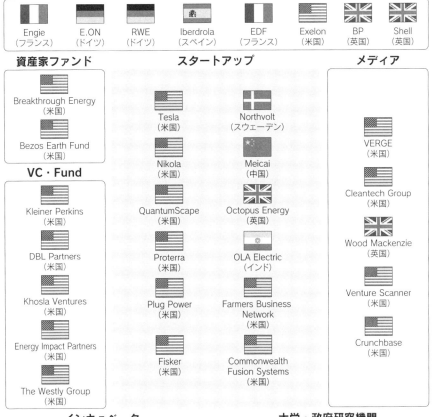

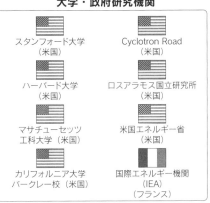

出所：AAKEL 作成

行っている。

　IT 企業からの投資も盛んである。特にアマゾン、マイクロソフト、グーグル、セールスフォースなどは積極的に投資を行っている。例えばアマゾンはなんと 20 億ドルの予算の The Climate Pledge Fund を立ち上げ、2040 年までの自らのネットゼロカーボンにコミットしている[1]。マイクロソフトの目標はもっと早く 2030 年のカーボンネガティブにコミットし、10 億ドルのファンドを立ち上げた[2]。

　エネルギーに関わりの深い重電メーカーも積極的な投資を進めている。フランスの Schneider Electric 社やスイスの ABB 社、米国の GE 社、ドイツの Siemens 社などは積極的に投資を行い、最後は M&A を行うことでイノベーションを取り込んでいる。2022 年を見ると、Schneider Electric 社が VPP ソフトウェアの AutoGrid 社や EV フリートマネジメントの EV Connect 社を買収し、GE Energy 社は VPP ソフトウェアの Opus One 社を買収している。

ビリオネア

　第 2 章で紹介したブレークスルー・エナジー以外にも、ビリオネアからの出資は多分に行われている。スタンフォード大学のサステナビリティ学部の創設に尽力したジョン・ドアは個人でも多くの支援を行っている。セールスフォースの創業者のマーク・ベニオフもクライメートテックへの支援に積極的な 1 人であり、さまざまなスタートアップの出資者としてその名前をよく目にする。

　そうしたビリオネアの中でも、ビル・ゲイツに続いてクライメートテック分野に大きな影響を持つのが、アマゾン創業者のジェフ・ベゾスであろう。前述の通り、ジェフ・ベゾスは、アマゾンの CEO 時代に、自社および自社のサプライチェーン全体での GHG 排出量を 2040 年までにゼロにするため、The Climate Pledge Fund という 20 億ドルを予算としたスタートアップ投資のファンドを立ち上げ、2022 年末までに 5 カ国、6 分野の 20 社に投資を行っている。(図表 3-1-2)

　個人でも、ビル・ゲイツのブレークスルー・エナジー・ベンチャーズ（BEV）に出資をすると共に、カーボンニュートラルの先鋭的なアイデアのプロジェクトに投資をする Bezos Earth Fund という、100 億ドルのファンドを立ち上げて活動をしている。100 億ドルとは、日本円にして 1 兆円を超える額であり、個人資産

1　https://www.aboutamazon.com/news/sustainability/amazon-launches-a-2-billion-climate-pledge-fund
2　https://www.microsoft.com/en-us/corporate-responsibility/sustainability/climate-innovation-fund?activetab=pivot1%3aprimaryr6

| 図表 3-1-2 | Climate Pledge Fund のポートフォリオ

	社名	カテゴリー	設立年	所在地
1	Ambient Photonics	エネルギー生成・貯蔵・利用	2019	米国
2	Electric Hydrogen	エネルギー生成・貯蔵・利用	2020	米国
3	ION Energy	エネルギー生成・貯蔵・利用	2016	インド
4	Moxion	エネルギー生成・貯蔵・利用	2020	米国
5	Redwood Materials	エネルギー生成・貯蔵・利用	2017	米国
6	Sunfire	エネルギー生成・貯蔵・利用	2010	ドイツ
7	Turntide Technologies	建物、エネルギー生成・貯蔵・利用	2013	米国
8	Brimston	建物、製造・材料	2019	米国
9	CarbonCure	建物、製造・材料	2012	カナダ
10	CMC Machinery	製造・材料	1980	イタリア
11	Electra	製造・材料	2020	米国
12	Amogy	輸送・ロジスティクス	2020	米国
13	BETA Technologies	輸送・ロジスティクス	2017	米国
14	Infinium	輸送・ロジスティクス	2020	米国
15	Resilient Power	輸送・ロジスティクス	2015	米国
16	Rivian	輸送・ロジスティクス	2009	米国
17	Verne	輸送・ロジスティクス	2020	米国
18	ZeroAvia	輸送・ロジスティクス	2017	米国
19	Hippo Harvest	食品・農業	2019	米国
20	Pachama	サーキュラーエコノミー	2018	米国

出所：https://fund.theclimatepledge.com/us/en/portfolio

からその規模への投資を行える資金力には驚愕するしかない。Bezos Earth Fund
は、ニューヨークにある空調管理のスタートアップ Bloc Power 社に対する出資
のように、スタートアップにも投資を行うケースもあるが、メインはプロジェク
トに対する出資である。現在までに、16 億 3000 万ドルを 7 つの分野の 100 を超
えるプロジェクトに投資をしている。

VC（Venture Capital）

　そして 2010 年前後のグリーン・ニューディールバブルで痛手を被った VC 勢
もこのエコシステムにおいて引き続き重要な役割を担っている。ただし、VC と
いってもこの分野に精通している VC と現在のクライメートテックブームに便乗
しようとして投資を始めた VC とでは区別が必要である。長期間クライメートテ
ック投資に関わっている多くの投資家たちは、現在の流れに乗ろうと最近出てき
た VC が立ち上げたファンドが、グリーン・ニューディールバブルの際と同様の
間違いを起こしかねない状況になるのではないかと危惧している。次項でも解説
するが、クライメートテックへの投資は 10 年を超える長期間かつ大規模な支援
が必要な上に、IT 分野と同様にその成功確率は低い。そうした投資に耐えられる
VC は多くはない。もちろん、クライメートテックを深く理解し、専門性を備え
たキャピタリストが、長期間の支援を覚悟の上で投資を続けている VC も存在す
る。その筆頭となるのが、現在ジョン・ドアが会長を務める米国の名門 VC、
Kleiner Perkins 社である。Kleiner Perkins 社のアドバイザーには「不都合な真
実」の元米国副大統領のアル・ゴアがいることからも、この分野に対する注力の
姿勢が伺える。ジョン・ドアの著書によると、2006 年からクライメートテックへ
の投資を開始し、一時はフォーチューン誌やワイヤード誌に「Kleiner Perkins 社
は失敗した」といった趣旨の記事を書かれたほど、パフォーマンスが出ない期間
が続いた。しかし、15 年経った 2021 年時点で、計 66 社のクライメートテック
スタートアップに約 10 億ドルの投資をし、その価値は 2 倍以上の 32 億ドルとな
っているという。ただし、それらの投資が復活したのは、2019 年の Beyond Meat
社の上場がきっかけであり、おおよそ 12 年はかなりの苦戦を強いられていたの
である。このことからも、どれだけこの分野への投資が難しいことなのかがよく
わかるだろう。Kleiner Perkins 社に続いて、この分野の投資で有名な VC は、
Khosla Ventures 社である。Sun Microsystems 社の創業メンバーの 1 人であり、
その後、Kleiner Perkins 社のジェネラルパートナーであった Vinod Khosla が
2004 年に創業した VC である。主に社会的に大きな課題の解決を目指すシード期

Khosla Ventures 社（筆者撮影）

Kleiner Perkins 社（筆者撮影）

のスタートアップへの出資を行い、これまで決済大手の Square 社や Stripe 社などへの投資で大きな成功を収めている。クライメートテック分野にも創業初期から投資を行い、最近ではビル・ゲイツも投資している、スタンフォード大学の教授によって設立された代替肉の Impossible Foods 社や同じくスタンフォード大学発で、全固体電池の QuantumScape 社などへの投資で成果を出している。

　日本の CVC から、そのレポートの質の高さで良い評判を聞くのが、2007 年設立の The Westly Group[3] である。2008 年に起きたリーマン・ショックの最中、生き残りに必死だったテスラに投資をして大成功を収めたことで有名な VC で、エネルギーとモビリティに集中して投資をする専門家集団である。創業者の Steve Westly は、長年テスラの経営会議メンバーも務めていた。近年もソフトバンク・ビジョン・ファンドへの出資が有名で、SPAC 上場を果たした View 社や、小型衛星の撮影データ提供企業の Planet 社への投資を成功させている。東京ガス、ブリヂストン、エネオスなどの日本企業が The Westly Group のファンドに LP 出資を行っている。

　テスラへの投資の成功という点で共通しているのが、2004 年創業の DBL Partners 社[4] である。2007 年にテスラに投資をし、創業者の Ira Ehrenpreis はそれ以降、テスラのボードメンバーであり、現在はテスラのガバナンス委員会の委員長を務めている。また、イーロン・マスクと繋がりが深く、SpaceX 社や、テスラが買収した Solar City 社にも出資をしている。社会課題に対して、インパクトをもたらす可能性のあるスタートアップへの投資を謳い、クリーンテクノロジ

3　https://westlygroup.com
4　https://www.dbl.vc

一、サステナブルプロダクト＆サービス、IT ヘルスケアの 4 分野に投資を集中している。

　エネルギー分野を中心に投資をしているのが、Energy Impact Partners（EIP）社[5] である。EIP 社は、GE 社の投資部門出身の Hans Kobler が 2015 年に設立した VC で、LP 出資者に電力・ガス会社が多いことで知られている。米国の大手電力・ガス会社の Duke Energy 社や Southern Company 社をはじめ、米国から多くの会社が参加している。加えて、フランスの EDF 社やオーストラリアの AGL 社、日本からも中部電力が出資している。また過去には、東京電力 HD も LP 出資をしていた。

　それ以外の VC としては、近年カーボン除去のテクノロジーに力を入れている Carbon Direct Capital 社[6] や Lowercarbon Capital 社[7] が有名である。カーボン除去については、テクノロジーが成熟し、スケールする可能性があるのが 2040 年以降と言われている分野であり、10 年の投資サイクルの VC がどのような戦略でこの分野に挑んでいるのか、大変興味深いところである。

インキュベーター

　VC も自らスタートアップを育成する機能を持っているところもあるが、基本的には優れた経営計画や実績に対して投資を行うことを主要業務としている。一方で、インキュベーターはまだアイデアレベルの起業家に対して、少額の投資を行い、そのアイデアを育てるところから伴走する機能を担っている。インキュベーションには、"孵化させる"という意味があるが、主に起業経験や企業での経営経験に乏しい起業家向けのプログラムを提供している。インキュベーターと並ぶ用語として、アクセラレーターという用語がある。両者を区別して使う文献などもあるが、本書で紹介する企業の多くが、インキュベーターともアクセラレーターとも呼ばれていることから、本書ではインキュベーターと呼ぶことにし、アクセラレーターについては、インキュベーターや大手企業が、スタートアップを育成するためのプログラムである、「アクセラレータープログラム」の文脈で使うこととする。

5　https://www.energyimpactpartners.com
6　https://www.carbondirectcapital.com/#investments
7　https://lowercarboncapital.com

Y Combinator

シリコンバレーにおいて有名なインキュベーターは、Y Combinator、500 Startups、Plug and Playであろう。なかでも Y Combinator は特別な存在であり、宿泊のシェアリングサービスで有名な Airbnb 社やクラウドストレージの Dropbox 社、決済大手の Stripe 社などを輩出したことで有名なインキュベーターである。

Y Combinator 社（筆者撮影）

毎年3月と9月に Demo Day と呼ばれる投資家へのピッチイベントを開催し、その Demo Day をターゲットとした3ヶ月のアクセラレータープログラムを実施している。そのアクセラレータープログラムに対し、世界中から1万を超える応募があり、採択率はわずか 1.5〜2％。採択されたスタートアップは、Y Combinator のコミュニティにいる成功したスタートアップの創業者などから、親身で徹底的なコーチングを受けることができ、スタートアップが成功するためのノウハウを自社のビジネスプランに注ぎ込むことができる。Demo Day では、Y Combinator の支援により、自社だけでは難しい資金調達の交渉を、とても有利に進めることができるのも強みのひとつである。

　Y Combinator は、採択したスタートアップに50万ドルの出資を行い、その一部の2万5000ドルで SAFE と呼ばれる転換社債の改良版のような方式で7％の株式を取得する。残りは、MFN（Most Favored Nation）と呼ばれる、後続投資家に対し最も有利な条件での株式の取得に利用される。採択されたスタートアップは、Y Combinator のアクセラレータープログラムに参加することで、7％以上の企業価値評価が上がれば、ファイナンス的に参加する理由付けができ、それを遥かに超える価値の上昇が望めるプログラムなのである[8]。

　Y Combinator のプログラムについては以前から注目していたが、私が留学をした 2018 年の時点では、クライメートテック系のスタートアップは皆無であった。しかしながら、それから一気に状況が変わり、多くのクライメートテックスタートアップが輩出されている。例えば、2019 年3月の Demo Day に参加した、南米アマゾンの熱帯雨林の衛星写真からカーボンクレジットの評価を行う Pachama

---

8　https://www.ycombinator.com/investors

社、2020 年 3 月の Demo Day に参加したカーボン計測 SaaS の SINAI 社、2021 年 9 月の Demo Day に参加した水資源リスク管理 SaaS の Waterplan 社などは、すでにグローバルレベルで有名なクライメートテックである。Y Combinator の卒業生にクライメートテックが増えてきたということは、いよいよ投資家と起業家の両者において、この分野に対する関心が高まってきたことの表れとも言える。ちなみに、弊社が Cleantech Group の APAC25 リストに選出された際、有名インキュベーターから「アクセラレータープログラムに興味があるのであれば、シンガポールで話をしよう」という趣旨のメッセージが届き、大変驚いた。25 社全てに送っていたと思われるが、それほどインキュベーターもクライメートテックへの関心が高いのであろう。

　ここまでは、全ての産業を対象にした一般的なインキュベーターについて解説してきたが、これまでクライメートテックの成長に大きな貢献をしてきたのが、それを専門にしたインキュベーターである。主なところとしては、ボストンとヒューストンに本拠地を置く Greentown Labs やシリコンバレーの北側のオークランドを本拠地とする Powerhouse、Ford Motor 社や丸紅が参加するモビリティと建物に特化した ProspectSV などが挙げられる。

Greentown Labs

　その中でも規模が大きく、日本企業も多数参加している Greentown Labs[9] は元々、MIT 出身のクライメートテックスタートアップが、自社の開発場所を確保するために、他の 3 社のスタートアップと一緒にラボスペースを立ち上げたことから始まる。そこからクライメートテックスタートアップ同士のコラボレーションが生まれ始めたことから、その規模を徐々に拡大していった。Greentown Labs の施設には、「Machine Shop」と呼ばれる、3D プリンターやレーザーカッターなどを使えるスペース、「ELECTRONICS LAB」と呼ばれる、機器の組み立てやハンダ付け、テストや効果計測ができるスペース、工具の売店など、開発に必要なあらゆる機能が備わっており、入居しているスタートアップはそれらを自由に使うことができる。2019 年 5 月にボストンの施設を訪問したが、大きな倉庫の跡にラボが構えられており、その規模の大きさに驚いた。そうした環境整備により、多くのスタートアップが入居し、開発に勤しんでいる。「ACCEL」というアクセ

9　https://greentownlabs.com

Greentown Labs

ラレータープログラムや資金調達の機会もあり、クライメートテックとして成長するために必要な機能が一通り備わっている。そして、そこに資本とビジネスというスケールを持った大手企業が参加することにより、イノベーションを生む仕組みが構築されてきた。特に力を入れているのが、Greentown Go というスタートアップと企業がコラボレーションするスキームで、Go Build（建物）、Go Energize（エネルギー）、Go Grow（食料）、Go Make（産業）、Go Move（輸送）と C2V（Carbon to Value Initiative）という CCUS に関する 6 分野の取り組みが定義され、それぞれ特定の課題に対するコラボレーションを進めている。こうした取り組みは定期的にイベントで報告される。年次のイベントが、秋に行われる「Climatetech Summit」であり、200 社を超えるスタートアップのソリューション紹介、識者による講演やパネルディスカッション、そしてそれら関係者とのネットワーキングが図られるのである。

　私は 2019 年 5 月にボストンの Greentown Labs で行われたイタリアの大手エネルギー企業 Enel 社のイベントに参加したことがある。Enel 社が Greentown Labs の施設内にイノベーションハブを立ち上げるにあたり、自社が解決を目指す重点課題と注目しているイノベーションについてプレゼンテーションするもので、入居スタートアップだけではなく、多くのクライメートテック関係者が集まり、季節的にはまだ肌寒いボストンであったが、大変な熱気を感じた。

Powerhouse

　Greentown Labs と比較するとかなり小規模だが、是非紹介したいのが Powerhouse[10] である。エッジが効いていて、シリコンバレーのクライメートテック関係者間でもよく話題になっていた。Powerhouse は、2013 年に Emily Kirsch[11]

Powerhouse

創業者 Emily Kirsch 氏と筆者

によって立ち上げられた。彼女は Mosaic 社という家庭用太陽光などにかかるファイナンシングを扱う企業の支援をしていた際に、クライメートテックの起業家向けのハブがないことに気がつき、Powerhouse を設立したという。クライメートテックスタートアップ向けの施設運営、Powerhouse Venture と呼ぶクライメートテックに特化したベンチャーファンドの運営、イベントの企画・運営を行っている。スポンサー企業として、グーグル、Enel 社、BP などの大手企業に加え、日本からは丸紅が参加している。

　Powerhouse を有名にしているのは、「Watt it Takes」という Emily Kirsch とスタートアップの創業者などのトークイベントである。このトークイベントは、Podcast でも聴くことができる。最近では、グーグルのスマートホーム機器の一部となった Nest 社の創業者や家庭用太陽光の Sunrun 社の創業者、最近話題の Twelve 社の創業者など、クライメートテック界の有名創業者たちの生の声を聴くことができる貴重な機会であり、この分野で起業を目指す起業家には是非聞いて欲しいコンテンツである。また年に 1 回、夏に「New Dawn」というスタートアップと企業関係者などを集めたネットワークイベントも開催している。私も 2019 年に「Watt it Takes」と「New Dawn」に参加したが、会場にはぎ

---

10 https://www.powerhouse.fund
11 https://www.ctvc.co/emily-kirsch-powerhouse/

ゅうぎゅうに人が詰まっていてかなりの熱気があった。元々は、オークランドのビルの2フロアを借りて運営していたが、2019年の春に3階建ての建物に移動し、中庭はイベント時には立食の場として活用されている。

大学

　クライメートテックは、IT・デジタル産業以上に大学や研究機関との繋がりが深い。第2項で詳述するが、大学発のスタートアップが多いこともクライメートテックの1つの大きな特徴である。特にスタンフォード大学は抜きん出ており、世界的なクライメートテックをいくつも輩出している。他にも、シリコンバレーのUCバークレーやMIT、英国のケンブリッジ大学など、世界のトップ大学発のスタートアップもよく目にする。クライメートテックの多くは、テクノロジーに関する深い専門性から生まれるため、大学との相性がいいのである。これらの大学は、ある意味でエコシステムの中心に居ると言っても過言ではない。

　また、大学は国の研究所と近いのも特徴である。スタンフォード大学には、SLAC（Stanford Linear Accelerator Center）と呼ばれる国の物理学の研究所が近くにあり、UCバークレーには、ローレンス・バークレー国立研究所がキャンパス内にある。大学とは独立した国立研究所ではあるものの、連携をして研究開発を進めており、そうした研究開発に対する国からの支援も充実している。

　また、クライメートテックスタートアップを多く生み出している大学には、大学発のスタートアップを支援するためのVC機能やそれをインキュベートし、スケールさせるための手厚いサポート体制も組まれている。次項で、スタンフォード大学を例にとり、その詳細を解説する。

メディア・シンクタンク

　米国には、クライメートテックを専門に扱うメディア機能を持ったシンクタンクが多いことも特徴のひとつである。代表格は、毎年Global Cleantech100を発表しているCleantech Group、毎年秋にオークランドで「VERGE」という大きなイベントを開催しているGreenBiz、エネルギー系シンクタンクとして有名なWood Mackenzie社に買収されたGreentech Mediaであろう。Greentech Media社については、2021年にWood Mackenzie社に完全統合され、Greentech Mediaの名はなくなり、現在はWood Mackenzie社としてエネルギーに関する多くの話題の1つとしてクライメートテックに関するレポートやイベントを扱っている。Cleantech Group社については、本章の終わりにあるCEOのRichard Youngman

氏とのインタビューの中でその詳細を解説することとし、ここでは GreenBiz について解説したい。

　GreenBiz[12] は 2000 年に立ち上がった、クライメートテック業界の中では長い歴史を持つメディアである。イベント開催と WEB メディアがその活動の中心であり、クライメートテックだけではなく、カーボンニュートラル全般に関するテーマを取り扱っている。WEB メディアでは、毎週 Climate Tech、Circularity、ESG/Finance というテーマでメールマガジンを配信しており、私も購読している。特に Climate Tech は、個別のスタートアップについて、その背景や取り組み内容が詳細に書かれており、有用な情報源として活用している。また音声配信を頻繁にリリースしており、エネルギー企業、スタートアップ、識者によるプレゼンテーションを見ることができ、こちらも情報収集には欠かせない。それ以外にも、オンライン上でコンテンツが豊富に提供されており、全てを見きれないほどである。

　また GreenBiz は、オフラインとオンラインでカーボンニュートラルに関するイベントを開催している。クライメートテックのイベントとしては毎年秋に行われるイベント「VERGE」がある。コロナ前は、シリコンバレーの北側のオークランドで開催されていたが、現在は南側のサンノゼで開催されている。プログラムは Buildings（建物）、Carbon（炭素）、Energy（エネルギー）、Food（食料）、Startup、Transport（輸送）の 6 つの分野で構成されており、3 日間かけてそれぞれの分野の識者によるパネルディスカッションが延々と行われている。スタートアップについては、ピッチと展示が行われており、スタートアップの新しいサービスを実際に目にすることができるとても良い機会である。私は 2018 年 10 月にオークランドで開催された「VERGE」に参加したが、そこで初めて PROTERRA 社の EV バスに乗り、FreeWire Technologies 社の移動式 EV 充電器や Volta 社のサイネージ型 EV 充電器、Blue Planet 社の CO_2 が吸収されたコンクリートなどを見て、日本とは異なるステージの技術開発にとても驚いた。2022 年の参加者に聞いたところでは、その頃と比べて規模は倍になり、もうお祭りのようになっていたという。

---

12 https://www.greenbiz.com

3-2 クライメートテックの特徴

　ここでは、クライメートテックの特徴について解説したい。

スケールの時間軸

　まず、クライメートテックの特徴として、一番に挙げられるのが、スケールするまでの時間の長さである。クライメートテックのスタートアップが大きな成長曲線に乗るまでには、かなりの時間を要する。テスラは創業からIPOまでに7年と比較的短かったものの、「Model 3」が売れ始め、大きな成長が株式市場から期待されるまでに、16〜17年の歳月がかかっている。おそらく、この点が投資家や企業が踏まえなければならない最大の特徴であろう。投資にはかなりの忍耐が求められるのである。ブームに乗って、一気に上昇することなどないことは念頭においておくべきである。では、一体なぜ成長までに時間を要するのか。

　1つ目の理由は、クライメートテックがインフラに関わる産業であることだ。自動車、建物、電線、発電所などは言うまでもなく、これまで何十年もかけて作られてきたものであり、それがテクノロジーの発展やカーボンニュートラルの緊急性があったとしても、一気に置き換わることは考えにくい。例えば、EV充電に関するソフトウェアサービスは、EV充電器の数が増えなければ拡大しない。すでにSPACを活用し、IPOを果たしたEV充電のスタートアップがいくつもあるが、ビジネスを軌道に乗せるためにはまだまだ数が必要な会社も多い。エネルギーマネジメントシステムについても同様で、蓄電池やEV充電器の数が世の中に増えない限りスケールしない。インフラの更新サイクルは、10年から20年程度である。これまでにない新しいインフラであれば、ゼロから作ればいいだろう。しかしながら、カーボンニュートラルを取り巻く多くのテクノロジーは、既存のテクノロジーの置き換えである。その置き換えは設備の耐用年数などに依存し、かつ強い規制や補助金がない限り、コストメリットや利便性に優れるものが選択される。これだけカーボンニュートラルが騒がれている中でも、新車でEVを購入する人の割合は、欧州の一部の地域を除き、まだ低い。日本に至っては、未だ1%にも満たない。クライメートテックとは、そうしたじわじわとしか普及しない類の物を扱う産業なのである。ちなみにクライメートテックの中でも、ソフトウェアに閉じたSaaS系の企業については、IT・デジタル系の企業と同じスピードでの成長が期待される。ただし、次の理由によってグローバル展開においては壁があることは理解しておくべきである。

　クライメートテックの成長に時間を要する2つ目の理由は、国によって規制やテクノロジーが大きく異なることにある。特にエネルギー産業については、各国で規制への準拠が強く求められ、かつサービス側も機能が規制に依存している部分が非常に多い。自由化の枠組み、取引市場の種類、発送配電の分離方法、スマートメーターの通信方式、家電やEV充電器のプロトコルなど、何から何まで異なる。新しい国に進出するにあたり、それらすべてにきめ細かく対応しなければサービスは機能しない。2010年代後半以降、大手電力・ガス会社や重電メーカーが海外クライメートテックの日本導入を試みた例が数多くあるが、ほとんど上手くいっていない理由の1つがここにある。なお、日本導入が上手くいかない理由は他にもあるが、それは最終章で解説することとする。

　3つ目の理由は、実証に時間を要することである。IT・デジタル産業は、ビジネスモデルを考え、適切なテクノロジーでサービスを作ればよいが、クライメートテックは、基礎研究や実用化に向けた技術開発に時間を要するものが多い。例えば、電池やCCUS、水素といった化学に関する分野は、実験に実験を重ねるためどうしても研究期間が長くなる。加えて、一気に普及する類のものではないため、コストが下がるのにも時間を要する。また電力の分野においても、天気が重要な要素となるため、春夏秋冬を何度か経験しなければわからないことが多く、そう単純にそれらの期間を短くできるものではない。さらに難しいのが、そうした長期間にわたり研究開発を続けている間に、次のテクノロジーのトレンドが訪れてしまい、取り組んでいたことの必要性がなくなったり、テクノロジーの古さにより後発の企業に一気に抜かれてしまったりするといった事態が発生することである。

　クライメートテックの起業家や投資家は、そうした点を十分に踏まえて挑まなければしくじる。シリコンバレーでも有名なクライメートテック系のスタートアップが、大きなダウンラウンドでのM&Aや事業撤退するケースも少なくない。そうした企業の多くは、スケールまでの時間が長いにもかかわらず、ブームに乗り自らの企業価値評価を高くしすぎてしまっているがゆえに、ブーム後にその上がり過ぎた企業価値評価に対して資金調達ができず、結局息切れしてしまうことが原因である。

大学発

　2つ目の特徴は、大学発のスタートアップが多いことである。スタンフォード大学発のスタートアップがずば抜けて多いが、大学発、もしくは大学発のテクノ

ロジーを利用するというスタートアップを数多く目にする。例えば、代替肉の有名企業 Impossible Foods 社と Beyond Meet 社は両方とも大学と関係が深い。Impossible Foods 社は、スタンフォード大学教授だった Patrick Brown によって設立された企業である。また Beyond Meet 社は、創業者の Ethan Brown がミズーリ大学の研究内容に目を付け、研究者の2人を巻き込むことで製品を開発した。蓄電池の分野で IPO を果たしている Amprius Technologies 社や QuantumScape 社は、スタンフォード大学での研究内容を実用化したものである。また核融合で有名な Commonwealth Fusion Systems 社やカーボンニュートラル製鉄を開発する Boston Metal 社は MIT 発である。スタンフォード大学や MIT は、学生や研究内容の質が高いことは言うまでもないが、それだけではスタートアップの数が多いことの説明にはならない。学生と研究内容の質の高さに加えて、研究内容からスタートアップを生み出す仕組みが完成していることが大きい。その仕組みをスタンフォード大学の例で見てみたい。

　まず、スタンフォード大学は、アントレプレナー教育のカリキュラムが充実している。MBA に他の有名大学と比較してアントレプレナーのカリキュラムが多いことは想像しやすいが、エンジニア側のカリキュラムにもアントレプレナーの授業がある。また、デザインシンキングで有名なスタンフォード大学の D-School は、文系と理系の両方の学生に開放されており、私が受講した講座は文系の学生が多いと思いきや、理系の学生の方が多かった。

　次に大学内にインキュベーションの機能があるということも大きい。「StartX」というスタンフォード大学関係者のための NPO のアクセラレーター組織がある。スタンフォード大学出身者の起業家のコミュニティを形成し、スタートアップの成長に必要な支援を行っている。「StartX」は、各種アクセラレーターランキングで Y Combinator 社と並ぶ高い評価を獲得。さらにはクライメートテックのスタートアップの創出に向けたプログラムも充実している。学部横断型のイニシアチブである「スタンフォードエナジー」には、「Innovation Transfer Program」というスタンフォード大学の学生と卒業したばかりの OB を対象とした、起業家向けの支援制度がある[13]。この制度は、スタンフォード大学での研究内容の商用化に向けてスタートアップを立ち上げるアイデアに対して、様々なサポートを提供するものであり、助成金として5万ドルを上限として付与される。スタンフォー

---

[13] https://tomkat.stanford.edu/innovation-transfer/innovation-transfer-program
　　 https://scv.stanford.edu

ド大学の学生チームについては、スタンフォード大学の教授陣がアドバイザーとなり、助成金の獲得を支援。助成金は、プロトタイプの開発、ビジネスプランの改善、カスタマーテストや市場調査などのために提供される。このプログラムでは、資金提供を受けたプロジェクトにメンターを派遣し、継続的な指導を行う。スタンフォード大学出身の起業家ネットワークなど、大学のリソースを通じて、テクノロジー中心の思考を持つ参加者が、ビジネス中心のアプローチを身につけられるよう支援をする。また関連する起業家、スタートアップでの経験を持つ経営者、ベンチャー投資家をチームに紹介。プログラムは 3 ヶ月から 12 ヶ月間で、プロトタイプなどの進捗によって、追加の助成金を受けられるという。2022 年は新たに 13 案件がプログラムに採択された。このプログラムでは、これまでに 98 案件、合計 560 万ドルの助成金を提供し、現在 35 社がスタートアップとして活動、6 社が M&A によりエグジット。合計で 57 億ドルの企業価値評価になっているという。

　クライメートテックに特化したスタートアップ育成のために「Stanford Climate Ventures」という 1 年間のコースもある。この授業はクライメートテックのスタートアップとそのイノベーションモデルを作るための実践的なプロジェクトベースのコースである。コースの責任者は、BEV のマネージングパートナーであることからも、コースの充実の程がわかるだろう。2016 年に始まったこのコースを通じて、73 のプロジェクトが開始され、38 社の新しいスタートアップが設立されたという。地熱開発で注目されている Fervo Energy 社は、このコースの出身企業である。Fervo Energy 社には、BEV とグーグルが初期から手厚い支援をしている。

　このように、起業家を育成することが大学の使命であるかのごとく、様々な支援策が用意されている。特に本書で何度か紹介しているスタンフォードエナジーは起業家育成の DNA が宿っている。現在のトップには、まだ 40 代半ばの Amprius Technologies 社の共同創業者の Yi Cui が就いている。そして Yi がリードしている Storage X というプログラムからは、QuantumScape 社や Natron Energy 社といった、次世代のスタートアップが生まれている。また、スタンフォードエナジーのカンファレンスでは、スタンフォード大学に縁のあるクライメートテックスタートアップの展示や発表の機会を設け、その成長を支援。さらに大学の周囲にスタートアップの成長に必要なあらゆる機能が備わっていることは、大きなアドバンテージになっている。スタンフォード大学のキャンパス横を走るサンヒルロード沿いには、前述の Kleiner Perkins 社や Khosla Ventures 社をはじ

め、世界的に有名な VC が並んでいる。また国立研究所の SLAC 国立加速器研究所やローレンス・バークレー国立研究所も近い。

国からのサポート

　3 つ目の特徴は国からのサポートの有効活用である。米国では国を挙げてクライメートテックを支援する制度ができており、スケールまで時間を要するスタートアップは、国の制度を上手く活用していることが多い。テスラが 1 つの好例であろう。何度も潰れかけたテスラは、米国エネルギー省の低利融資を活用して、生き延びたのは有名な話である。リーマン・ショック後の資金不足のタイミングで、政府から 4 億 6500 万ドルの多額融資を受けることができた。後に復活したテスラは、この融資を 9 年前倒しで返済する。テスラが活用した融資制度は、オバマ政権のグリーン・ニューディール政策により設けられた、次世代の環境技術に対する 250 億ドルの融資枠であり、前章で述べた通りその多くの企業が焦げついた。しかしながら、米国経済に対し、テスラたった 1 社によって、それを遥かに上回る価値をもたらしていることは言うまでもない。こうした国の支援を上手に活用できる能力もまた、クライメートテックには必要な能力なのである。米国にはこうした融資制度に加えて、いくつかのクライメートテックを支援するための制度が整備されている。

　1 つは、ARPA-E（Advanced Research Projects Agency-Energy）、アーパイーと呼ばれる、エネルギー省が国防総省の DARPA をモデルにして立ち上げた、エネルギー分野でハイリスクな技術開発に対する支援を行う組織である[14]。ハイインパクトでハイポテンシャルな応用研究を対象としており、民間企業のみではまだリスクが高過ぎて取り組めない、投資家からの資金調達が難しい技術開発に対して、助成金を提供している。スタートアップに対しても積極的に支援をしており、最近ではターコイズ水素製造で有名な C-ZERO 社が ARPA-E からの助成金を獲得して研究開発を進めている。

　また、2015 年にローレンス・バークレー国立研究所内に創設された Cyclotron Road[15] という先端研究をベースとした起業家を支援する組織の中で運営されている Activate[16] という起業家育成支援プログラムがある。アーリーステージのスタートアップの研究者が採択され、2 年間の給与、研究施設の使用、研究資金を提

---

[14] https://arpa-e.energy.gov
[15] https://cyclotronroad.lbl.gov
[16] https://www.activate.org/home/

供するというものである。ここから現在大きく注目されている Twelve 社や蓄電池の Antora Energy 社などの有力なスタートアップが輩出されている。

Twelve社のストーリー

　その 1 社である Twelve 社のここまでの変遷を辿ることで、大学とスタートアップ、国とスタートアップの 1 つのモデルが見えてくる。

　Twelve 社はスタンフォード大学が一押ししている CCU の企業である。固体高分子電解技術を活用し、空気中の CO_2 を水とともに電気分解して CO（炭素）を生成する。そして、CO と H_2 を合成することで、有機材料を製造する技術を用いて、CO_2 をさまざまな素材や燃料に変換することに取り組んでいる。これまで米国空軍やアラスカ航空向けのジェット燃料開発、LanzaTech 社とのエタノールの生成、メルセデス・ベンツグループとの自動車部品開発、アパレルブランドPANGAIA 社とのメガネフレーム開発、NASA との火星での CO_2 燃料化と空気生成の研究、地元の SoCalGas との P2G の実証を行うなど、着々と実績を積み重ねている。さらに Shopify 社やマイクロソフトなど、IT 企業とのパートナーシップも結んでいる。私が初めて Twelve 社のことを知ったのは、まだ同社が OPUS12と名乗っていた 2018 年 11 月にスタンフォード大学で開催された Global Energy Forum であった。ビル・ゲイツ等も登壇したフォーラムの中で、スタートアップのパネルディスカッションに CSO の Etosha Cave が登壇し、自らのテクノロジーについて語った。中庭で行われたスタートアップのブースの前で、その Etosha Cave とノーベル物理学賞を受賞し、オバマ政権のエネルギー長官を務めたSteven Chu が談笑していたのをよく覚えている。そして、2022 年 11 月に開催された Global Energy Forum にも呼ばれ、再びパネルディスカッションに登壇。2021 年に 5700 万ドル、2022 年 6 月には 1 億 3000 万ドルの大型調達を実現している。2022 年に米ビジネス誌 Fast Company の The 10 Most Innovative Energy Company の 1 位となり、2023 には Cleantech Group の Global Cleantech 100 に選出された。

　Twelve 社のこれまでの軌跡は、Powerhouse CEO の Emily Kirsch と同社の創業者の一人である Etosha Cave との対談[17]に詳しい。

　Etosha Cave はテキサス州ヒューストンの郊外にある黒人の労働者階級や低所得者が住むエリアで、バスの運転手の父親と、小学校の科学の先生の母親の下

---

17 Watt it Takes Opus12 Co-Funder Dr. Etosha Cave　https://www.powerhouse.fund/etosha

で、3人兄弟の真ん中の長女として活発な子供時代を過ごした。小さい頃から算数と理科が得意で、本人曰く超オタクだったという。大学はMITにも受かったものの、全額奨学金が出る創立したばかりのFranklin Olin College of Engineeringに最初の新入生として入学。75人のクラスで唯一の黒人という環境の中で学んだ。当時は宇宙飛行士になりたいと考えており、将来の火星探査機ミッションのレーザーダイオードの研究に携わるため、南極で5ヶ月間のインターンを行った。その後、博士課程でスタンフォード大学に進学し、Thomas Jaramilloの研究室（Jaramillo Research Group）に所属してバイオ触媒についての研究に着手。植物がCO_2を摂取し、太陽光でそれを物質に変換する触媒の金属触媒への応用を研究テーマとし、その研究室で共同創業者のKendra Kuhlと出会った。Jaramillo Research GroupのHPには、ビル・ゲイツが頻繁に訪れている様子が記載され、研究内容に対する注目度の高さが伺える。もう一人の共同創業者であるNicholas Flandersとは、大学が主催するMBAの学生とエンジニアリングの学生との交流イベントで出会い、気候変動問題の課題解決の方法について、話し合った。そこで、Etoshaが二人に、自身の卒業研究内容を学内のビジネスプランコンテストに一緒に応募することを提案し、緊密にコミュニケーションするようになった。コンテストの結果は落選だったものの、その時の審査員だったCyclotron Roadのディレクターから声がかかり、エンジニアであるEtoshaとKendraの2人が2015年から起業家育成プログラムに参加し、給与をもらいながら事業の立ち上げに向けた研究を続けることとなった。スタンフォード大学から7万5000ドルの助成金も受けたが、会社の運営は厳しく、時には数ヶ月間、車で生活するようなこともしたという。その後、NASAのSBIR補助金、国立科学財団のSBIR、DOEの助成金など、1000万ドル以上の非希薄化資本を調達し、2016年にVCからの資金調達を始めた。この過程で、自らのテクノロジーを伝える術や自分達の興奮を投資家に共感してもらう術を学んだという。

　その後の活躍は前述の通りである。このように大学での研究から、スタートアップコンテスト、仲間づくり、政府機関の有効活用、資金調達まで、クライメートテックの創業から軌道に乗せるまでのプロセスがよく理解できるストーリーであり、特に、現在研究開発中のステージにいるスタートアップにとっては1つのモデルケースとなる事例ではないだろうか。

3-3 クライメートテックの情報収集の方法

　ここまでクライメートテックを知るための情報源を五月雨に提示してきた。本項では、これからこの分野への投資を検討している投資家や起業を志している起業家に向けて、クライメートテックの情報収集の方法について解説したい。

　これまで数多くの CVC の担当者や、業界アナリストと話してきたが、彼らの情報収集の方法を整理すると、大きく 5 つに分類される。

1. VC のレポート
2. VC・CVC・インキュベーターの投資動向の分析
3. メディア・シンクタンクのレポート
4. カンファレンスへの参加
5. 大学のレポート

　これら 5 つの項目について、順に整理をしていきたい。

1. VC のレポート

　VC が発行するレポートを手に入れるためには、VC に LP 出資する必要があるため、その力がある企業でないと入手することは難しい。しかし、専門家の分析を含め、インナーサークルに一番近い情報を知るためには、そのポジションにいる優良な VC から情報を得るのが最善策であり、それだけ情報の持つ価値は高い。ただし、あくまでも「優良」な VC に限定される。クライメートテックの専門家ではない VC はおそらくまた失敗するだろう。2020 年のコロナ禍以降、クライメートテックへの投資に VC が完全復活したが、現在、クライメートテックをよく理解していない VC がどんどん市場に入ってきており、SAF や水素、CCUS や DAC などのブームになっているテーマを扱うスタートアップの企業価値評価が、適正価格とは言えない、かなり高い水準にまで行ってしまっている。この状況について、かつてからその場にいる関係者からは、バブルを危惧する声が聞こえてくる。しかも最近ブームとなっているそれらのテーマは、VC が扱うには時間軸が長すぎるのである。

　図表 3-3-1 はこれまで挙げた VC の中でクライメートテック系として実績が十分あり、優良と考えられる VC のリストである。ちなみに Kleiner Perkins 社と The Westly Group 社、Khosla Ventures 社の 3 社は、サンヒルロード沿いにあり、

| 図表 3-3-1 | クライメートテックへの投資経験の豊富な VC

社名	設立年	所在地	特徴
Kleiner Perkins	1972	🇺🇸 米国	伝説の投資家と呼ばれるジョン・ドアが会長を務める老舗 VC。Amazon 社、Google 社、Twitter 社といった企業に初期段階から投資
Khosla Ventures	2004	🇺🇸 米国	Sun Microsystems 社の共同設立者であり、Kleiner Perkins のジェネラルパートナーでもあった Vinod Khosla が設立。多くの新興事業に投資
The Westly Group	2007	🇺🇸 米国	持続可能性を重視するスタートアップに焦点を当て投資を行っている。テスラなど自動車業界のリーディングカンパニーに早くから投資
DBL Partners	2015	🇺🇸 米国	前身の DBL Investors は米金融大手 JP モルガンからスピンアウト。まだ無名だったテスラや SpaceX 社などに投資
Energy Impact Partners	2015	🇺🇸 米国	GE 社の投資部門出身の Hans Kobler が設立した VC で、LP に電力・ガス会社が多いことで知られている

出所：AAKEL 作成

すぐに行き来できる距離にある。なお、BEV や Bezos Earth Fund は、個人からの投資により組成されたものであり、企業からの LP 出資はないため、このリストからは除外している。ただし、恐らく誰よりも情報を持っていることは間違いなく、これらの組織とのネットワークが持てるのであれば、積極的に持ちたいところである。優良 VC とは、自ら立ち上げたファンドの運用成績が高くなるように投資対象を選定できる VC である。投資対象となるスタートアップの持つポテンシャルとスケールまでの時間軸を適切に評価し、自らのポートフォリオを決めている。つまり、いくらポテンシャルがあっても、スケールまでの時間が自らのファンドの運用期間に合わなければ投資対象とはならないのである。言い換えると、流行りに踊らされない、自分の尺度を厳密に持った VC であるということを意味する。しかしながら、優良 VC からの投資がないからといって、そのスタートアップのポテンシャルが低いかというと必ずしもそうではないことは理解が必要である。

2. VC・CVC・インキュベーターの投資動向の分析

　有名 VC の投資動向を細かくモニターし、有名 VC が投資したスタートアップに後続フェーズで投資をするのは、小さい VC の 1 つの戦術となっている。それと同じ取り組みをすることは、どの投資家も起業家も可能である。クライメート

| 図表 3-3-2 | 分析対象とすべき VC、ビリオネアファンド、CVC、インキュベーター

VC	設立年	所在地		主な投資先
Kleiner Perkins	1972		米国	Beyond Meet 社、Watershed 社など
Khosla Ventures	2004		米国	Impossible Foods 社、QuantumScape 社など
The Westly Group	2007		米国	Tesla 社、View 社、Planet 社 . など
DBL Partners	2015		米国	Tesla 社、SpaceX 社、Solar City 社など
Energy Impact Partners	2015		米国	Arcadia Power 社、ecobee 社など

ビリオネアファンド	設立年	所在地		主な投資先
Breakthrough Energy Ventures	2015		米国	WeaveGrid 社、CarbonCure Technologies 社など
Bezos Earth Fund	2020		米国	Bloc Power 社など

CVC・エネルギー系	設立年	所在地		主な投資先
BP	1909		英国	C-Capture 社、FreeWire Technologies 社など
Shell	1907		英国	SparkMeter 社、LanzaJet 社など
Total	1924		フランス	SparkMeter 社、Zola Electric 社など
Chevron	1879		米国	Natron Energy 社、Eavor Technologies 社など
Centrica	1997		英国	Mixergy 社、LO3 Energy 社など
EDF	2002		英国	Zola Electric 社、Persefoni 社など
Engie	2008		フランス	C-Zero 社、Opus One 社など
Iberdrola	1992		スペイン	SunFunder 社、Stem 社など
Enel	1962		イタリア	Tynemouth Energy Storage 社など
RWE	1898		ドイツ	Conergy 社など
E.ON	2000		ドイツ	Bidgely 社、tado° 社など

CVC・IT系	設立年	所在地	主な投資先
Amazon	1994	🇺🇸 米国	CarbonCure Technologies 社など
Google	1998	🇺🇸 米国	Commonwealth Fusion Systems 社など
Salesforce	1999	🇺🇸 米国	WeaveGrid 社、Databricks 社など
Microsoft	1975	🇺🇸 米国	CarbonCure Technologies 社など

インキュベーター	設立年	所在地	主な投資先
Y Combinator	2005	🇺🇸 米国	Prometheus Fuels 社、Pachama 社など
Greentown Labs	2011	🇺🇸 米国	Packetized Energy 社など
Cleantech Open	2006	🇺🇸 米国	Princeton NuEnergy 社など
Powerhouse	2013	🇺🇸 米国	leap 社、Amperon 社など

出所：AAKEL 作成

テックのトレンドを分析するには、VC、ビリオネアファンド、CVC、インキュベーターの動向をモニターするのがよいだろう。図表3-3-2は分析対象とすべきリストである。特にこの中でもクライメートテック全体のトレンドを見るには、BEVとオイルメジャー、欧州の電力・ガス会社の動向を分析することをおすすめする。すべてが2050年を見据えた長期目線での投資のため、短期のフィナンシャルリターンを求める場合は、この分析は役に立たないが、世界の方向性を見極めるためには、インナーサークルの中心に位置するこれらのVCやCVCの動向をモニターすることが重要である。

　分析の仕方については、まずは“どのスタートアップにいつ投資をしているか”“その会社が最初に投資した後、後続ラウンドがあった場合に参加しているか否か”“いくら投資しているか”“CVCの場合は、その会社とどのような連携や実証をしているのか”といった点を見ていくと、トレンドがわかるようになってくる。なお、どの投資会社がどのスタートアップに投資したかの情報は、スタートアップの投資情報サイトをチェックするのがよい。CVCやVC各社のポートフォリオは、各社のHPを見れば把握できるが、どのタイミングでいくら投資したか否かなどの情報は、個別にプレスリリースを追わなければ把握できない。そう

| 図表 3-3-3 | クライメートテック投資情報データベース

i3 Connect	持続可能なイノベーションにおいて注意を払うべき企業、投資家、トレンドの動向を提供
Crunchbase	非公開企業および公開企業に関する投資と資金調達の情報、創設メンバーと指導的立場にある個人、合併と買収、業界の動向を提供
Pitchbook	ベンチャーキャピタル、プライベートエクイティ、M&A取引などのプライベートキャピタルマーケットをカバーするデータを提供
CB Insight	ビジネス分析プラットフォームとグローバルデータベースを備え、非公開企業と投資家の活動に関する市場インテリジェンスを提供
Tracxn	スタートアップを専門に350以上の技術分野の情報をデータベース化。インド国内39,000社超のスタートアップに加え、アメリカ、中東、東南アジア、ヨーロッパのスタートアップ情報を網羅

出所：AAKEL 作成

　いった発表事項をデータベースとしてまとめているのが、スタートアップへの投資情報企業である。代表的なものについては、**図表 3-3-3**「クライメートテック投資情報データベース」にまとめた。

3. メディア・シンクタンクのレポート

　メディアやシンクタンクなどのレポートには、無料のものと有料のものがあるが、無料のものだけでも読みきれない量のものが出ている。また経験的に無料と有料の情報の差はそこまで感じられない。私もこれまでコンサルティングの現場で有料レポートを購入する機会も多かったが、VC のキャピタリストやコンサルタント以外は、まずは無料のもので情報収集することをお勧めする。有料でも読みたいレポートは、Cleantech Group 社から発行されているものなど、一部しかない。**図表 3-3-4**「メディア・シンクタンク等のレポート」に代表的なものをまとめた。メディアのレポートで確実に目を通さなければならないのが、Cleantech Group 社の「Global Cleantech 100」であろう。毎年 1 月初旬に発表される、非上場かつ企業の子会社ではないグローバルのクライメートテック企業から 100 社を選出したリストで、世界中のクライメートテック関係者が注目している。Cleantech Group 社の持つリストを元に、専門家やキャピタリストによる選定委員会と技術評価を通して 100 社が選定される。売上高や調達額が多く話題性

| 図表 3-3-4 | メディア・シンクタンク等のレポート

メディア・シンクタンク
- Cleantech Group
- GreenBiz
- Wood Mackenzie
- Guidehouse
- Fast Company

コンサル
- PwC https://www.pwc.com/gx/en/services/sustainability/publications/state-of-climate-tech.html

金融機関
- SVB https://www.svb.com/trends-insights/reports/future-of-climate-tech

投資情報企業
- Pitch Book
  https://pitchbook.com/news/reports/q1-2022-climate-tech-report
- CB Insight
  https://www.cbinsights.com/research/report/2021-climate-tech-outlook/

出所：AAKEL 作成

があっても、将来的にインパクトのあるテクノロジーであることが評価されなければ選定されない。多くのクライメートテックスタートアップはこのリストに載ることを1つの目標としている。投資家や専門家は、このリストに目を通して、グローバルのトレンドの理解に努めており、我々も創業以来、毎年1月にはこのリストを穴が開くほど分析し、その年のトレンドを探っている。

　レポートではないが、リストとして米国の経済誌 Fast Company 社が毎年発表する The Most Innovative Company のリストも注目されている。クライメートテック関係者は、まずこのリストの中にある The 10 Most Innovative Energy Company を参照する。Energy 以外に Transportation や Food のセクターもあり、クライメートテックとしてはそちらも参照する必要がある。

　リストにはコンサルティングファームから出ているレポートと、金融機関や投資情報会社から出ているものを追加した。グローバルなコンサルティングファームは、各社ともカーボンニュートラルについてのレポートを出しており、どれも有用であるが、クライメートテックに焦点をあてたものとしては PwC 社のものがある。またスタートアップや投資家に対する融資機能に優れた銀行である Silicon Valley Bank 社から出ているレポートにも注目が集まった。サンドヒルロードの Kleiner Perkins 社の隣にあり、シリコンバレーの中ではとても有名な銀行である。

4. カンファレンスへの参加

　トレンドを知るための一番いい方法は、カンファレンスに参加することであろう。カンファレンスはその時々のトレンドを反映したトピックによる講演やパネルディスカッション、展示などが行われる。カンファレンスのアジェンダを確認するだけでもその時のトレンドがわかるため非常に参考になる。私もすべてには参加できていないが、アジェンダには必ず目を通し、どんなトピックが話題になっているのかを把握するよう努めている。またコロナ禍によって、オンライン開催や動画配信でいつでも視聴できるようにもなっており、時差は多少あるものの、内容を摑むだけなら現地に行かなくても済むようになりつつある。ただし、こうしたカンファレンスで最も重視されているのは、ネットワーキングであり、それは現地に行かなければ構築できない。そして、せっかく構築したネットワークも定期的にメンテナンスしなければ正しく機能しなくなってしまう。

　米国で行われるカンファレンスへの参加は高額である。スポンサーや学生でなければ、1つのカンファレンスに参加するのに1000ドル以上かかるものも多い。日本のビッグサイトや幕張メッセで行われるカンファレンスは無料のものが多いため、日本人にとっては驚きであろう。そして、カンファレンスのほとんどはパネルディスカッションである。特にスライドが用意されているわけではなく、カジュアルな雰囲気の中でパネリストが足を組んで話しているのを聞くことになるため、それ相応の英語力が求められる。内容が素晴らしいものから大した話をしていないものまで、クオリティに濃淡はあるものの、有名人の話を聞くことができる価値のある場なのである。

　カンファレンスにおいて、スタートアップのブースは各社の技術を理解するために有用である。ショーケースと呼ばれるそのブースは、こんなに多くのクライメートテックスタートアップがあるのかと感心してしまう程、名前も知らないたくさんのスタートアップが並んでいる。ちなみに私の事業アイデアの多くは、こうしたクライメートテックのショーケースからヒントを得ている。新しいものを発見し、そのスタートアップが取り扱う課題とそれを解決するためのテクノロジーを観察し、自分たちに対応できないかを常に考えている。海外のカンファレンス参加後は、数週間かけてその情報を整理、自社への適用を考えた上で、社内のビジネスミーティングで共有している。**図表3-3-5**「クライメートテック関連カンファレンス一覧」に主要カンファレンスをまとめた。

｜図表3-3-5｜クライメートテック関連カンファレンス一覧

Cleantech Group	https://www.cleantech.com/events/upcoming-events/		
Cleantech Forum North America		1月	パームスプリングス
Cleantech Forum Asia		6月	シンガポール
Cleantech Forum Europe		11月	欧州内（毎年変更）

GreenBiz Group	https://www.greenbiz.com/events		
VERGE		10月	サンノゼ
GreenBiz23		2月	アリゾナ
Circularity		6月	シアトル

Wood Mackenzie	https://www.woodmac.com/events/		
Wood Mackenzie Summit			

Greentown Labs	https://greentownlabs.com/climatetech-summit/		
Climatetech Summit		11月	ボストン、ヒューストン

Powerhouse	https://www.powerhouse.fund		
New Dawn		9月	オークランド

Stanford University	https://www.powerhouse.fund		
Global Energy Forum（招待制）		不定期	パロアルト

MIT	https://mitenergyconference.org		
MIT Energy Conference		4月	ボストン

Breakthrough Energy	https://mitenergyconference.org		
Breakthrough Energy Summit（招待制）		11月	シアトル

	https://www.enlit-europe.com/welcome		
Enlit Europe		11月	欧州内（毎年変更）

	https://www.enlit-europe.com/welcome		
World Future Energy Summit		4月	アブダビ

5. 大学のレポート

　大学のレポートは、スタンフォード大学とMITのエネルギーイニシアチブが充実している。スタンフォード大学にはスタンフォードエナジー、MITにはMITEI（MIT Energy Initiative）という学部横断組織がある。両方とも理系も文系も統合

101

した組織・研究体制となっている。また両校の交流も頻繁にあり、MITEI を立ち上げた第二次オバマ政権のエネルギー省長官の Ernest Moniz がスタンフォード大学を訪れたり、両校で共同イベントを開催したりしている。スタンフォードエナジーは、本書の中で何度も登場してきているように、多くのスタートアップを輩出している組織であり、基礎研究も充実しているが、加えてその技術をいかに商用化するかということにも力を入れている印象を受ける。一方で MITEI は、技術研究や政策研究側に力を入れている印象がある。分野によっては、他大学にもそれぞれ強みはあるが、この 2 校は全方位的に先端の研究をしていること、横串を通したような横断的な強さがあること、そしてスタートアップの輩出数において抜きん出ている。まずは両校のイニシアチブをモニターしておくことから始めるのがいいであろう。

3-4 | クライメートテックの時間軸

　クライメートテックへの投資も起業も、成功するには時間軸を理解することが欠かせない。第1章で、クライメートテックのテクノロジーについて整理したが、ここではその成熟度から見た時間軸とトレンドについて整理をしたい。**図表3-4-1**「クライメートテックイノベーションのハイプカーブ」は、Silicon Valley Bank 社が出したレポート「The Future of Climate Tech」で提示されたものを日本語に編集したものである。ハイプカーブとは、IT 調査会社の Gartner 社が、テクノロジーの成熟度、採用度、社会への適用度を表現するものとして作り出した。そのクライメートテック版がこの図である。横軸は成熟度で、一番右端の安定期までくると、テクノロジーが広く拡大し、ビジネスとして成立することとなる。期待値のピークを超えた後に、幻滅期が訪れ、そのテクノロジーが安定期に向けて進んでいけるのか、それともそのまま普及せずに衰退していくのかの分かれ目となる。なお安定期に到達する期間については、この 2 倍くらいの時間軸で見るべきであろう。この図はテクノロジーが安定的に到達する期間の設定が短すぎるため、少しアグレッシブすぎるように感じる。成熟度に関するマッピングは、おおよそこのような状態であろう。CCUS や SAF、垂直農法が期待値のピーク付近におり、代替肉が期待値の下り坂に差し掛かり、燃料電池自動車や定置用燃料電池が幻滅期にいて、EV が回復期にいる。

　図表3-4-2「クライメートテックイノベーションの時間軸」は、このハイプカーブの技術が安定期に到達するまでの期間を、図の表記の 2 倍の程度の長さに

| 図表 3-4-1 | クライメートテックイノベーションのハイプカーブ

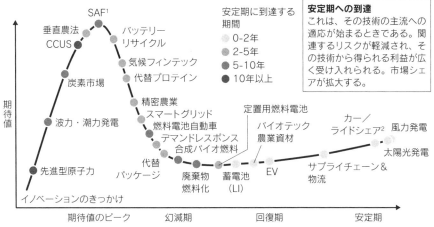

注1）炭素回収・利用・貯留（CCUS）、持続可能な航空燃料（SAF）
　2）カー／ライドシェアは、Uber のような実質的にタクシーとして運営され、GHG 排量を削減しない
　　企業を除く。
出所：https://www.svb.com/trends-insights/reports/future-of-climate-tech

| 図表 3-4-2 | クライメートテックイノベーションの時間軸

出所：SVB のレポートを参考に AAKEL 作成

してマッピングしたものである。カーボンニュートラルに向けて、どのテクノロジーがどのタイミングでこの分野に貢献するようになるのかがよく理解できる。また同時にこの図では、それぞれのテクノロジーを担ぐスタートアップがどのタイミングでスケールするかを表している。前述のクライメートテックの投資に慣れたVCを観察すると、現在は2030年代前半に向けたテクノロジーへの投資が多いことに気づくことができる。2020年代にある風力、太陽光、EV、蓄電池などの企業については、すでに成熟し安定期に近く、大手企業と幻滅期を乗り越え成長したスタートアップとの戦いになっている。一方で、2030年代以降のテクノロジーについては、スタートアップがまだまだ登場している。投資家や起業家はこうした図を見ながら、自らが集中するテクノロジーを検討するのがよいだろう。2020年代のものに今からチャレンジするのはすでに遅すぎ、2040年代のものについては、忍耐を持ってチャレンジする覚悟で挑まなければならない。

3-5 クライメートテックが取り組む共通課題

　クライメートテックが取り組む課題は、カーボンニュートラルの実現である。カーボンニュートラルを実現する上で大切な視点は「代替」「効率化」「相殺」の3つである。ほとんどのクライメートテックはこのどれかにマッピングされる。
　「代替（リプレース）」とは、現在GHGを排出しているものから、排出しないものに置き換えるテクノロジーである。牛から植物性の肉に代える、代替肉などがそれに当たる。化石燃料から再生可能エネルギーや原子力、水素に代替することで、GHG排出量を減らしていく。
　「効率化（オプティマイズ）」とは、今よりも少ないエネルギーで活動するためのテクノロジーである。建物の冷房の効率を高める、エネルギーの無駄をなくす、食糧や素材の廃棄や製造を減らす、そしてリサイクルを進めて製造を減らすことにより、使用するエネルギーを減らしていく。
　「相殺（オフセット）」とは、どうしても排出されるGHG排出量を吸収したり、集めて埋めたりするためのテクノロジーである。大気中のCO_2を取り出し、工場などから排出されるCO_2を収集し地中に埋める。森林保護・管理を行い吸収するCO_2量を増やし、炭素を土に戻すことによってGHGを削減する。
　「代替」「効率化」「相殺」する対象としては、大きく「電力」「熱」「素材」「食糧」の4つに区分され、2つをマトリックスで整理すると、カーボンニュートラルに向けたテクノロジーがマッピングされる。そして、それぞれを繋ぐために必

| 図表3-5-1 | クライメートテックを機能させるための仕組み

	代替	効率化	相殺	
電力	再エネ	断熱・気密	DAC・CCS	カーボンリサイクル
	原子力	エネマネ	バイオマス	
	フレキシビリティ・セクターカップリング		メタネーション	
熱	水素			
	バイオ燃料			
素材	代替素材	リサイクル	CCU	
	サーキュラーエコノミー		カーボンファーミング	
食糧	代替プロテイン	室内農場	森林保護	
		食物廃棄		

出所：AAKEL 作成

要なさらにそれぞれの分野をまたいだ3つの仕組みがある。図表3-5-1「クライメートテックを機能させるための仕組み」は、それぞれを有機的に機能させる仕組みをマッピングしたものである。主に電力や熱といったエネルギー分野に位置するのが、「フレキシビリティ・セクターカップリング」、素材や食糧に位置するのが「サーキュラーエコノミー」、そして相殺に位置するのが「カーボンリサイクル」である。

「フレキシビリティ・セクターカップリング」とは、再生可能エネルギーの余剰電力を有効活用する仕組みを指す。再生可能エネルギーを増やすということは、気象状況によってその出力が変化することであり、どうしても余剰電力が発生してしまう。その余剰をできるだけ抑えるという課題に対する仕組みである。

「サーキュラーエコノミー」とは、環境省の定義では、「従来の3R（リデュース、リユース、リサイクル）の取り組みに加え、資源投入量・消費量を抑えつつ、ストックを有効活用しながら、サービス化などを通じて、付加価値を生み出す経済活動である。資源・製品の価値の最大化、資源消費の最小化、廃棄物の発生抑止等を目指すもの」となっており、資源循環を進める中で、サービス化により付加価値を生み出す循環型経済を作るものである。[18]

「カーボンリサイクル」とは、狭い定義ではCO_2を回収してそれを再利用する

ことを言うが、ここではCO_2循環全体の仕組みとして定義している。上流のCO_2を回収する技術としては、大気中のCO_2を回収するDAC、工場などからCO_2を回収して貯留するCCSがある。回収したCO_2を利用する技術としては、CO_2を原料とした燃料や素材を開発するCCUやCO_2と水素でメタンを生成するメタネーションがある。またバイオマス発電は、CO_2を吸収した木を燃やすことでカーボンを循環させている。そしてCO_2を吸収する手段として、森林で吸収するグリーンカーボン、土壌で吸収するカーボンファーミング、海で吸収するブルーカーボンがある。カーボンニュートラルの実現に向けては、再生可能エネルギーやEV、代替肉など個々のテクノロジーの研究開発が大事なことは言うまでもないが、それらを地球全体で上手に機能させるためには、こうした「フレキシビリティ・セクターカップリング」「サーキュラーエコノミー」「カーボンリサイクル」という仕組みを作り上げることが必要なのである。

　「サーキュラーエコノミー」と「カーボンリサイクル」については、多くの専門書や解説記事があることから、詳細な説明はそちらに譲るとして、本書では「フレキシビリティ・セクターカップリング」についてもう少し詳細に解説したい。図表3-5-2「フレキシビリティ」は国際的な再生可能エネルギー機関であるIRENA（The International Renewable Energy Agency）が再生可能エネルギーのフレキシビリティの全体像として示した図である。ここでのフレキシビリティとは、再生可能エネルギーを大量導入した電力システムの需給調整の全体像を示している。気候によって変動する再生可能エネルギーの出力を吸収する手段として、変動調整が可能な発電、電力系統間の融通を行う送電強化、需要側での調整を行うための配電強化、余剰時に電力を貯め逼迫時にそれを利用する蓄電、余剰時に電気を使用し逼迫時に使用の制御をするデマンドレスポンス、デマンドサイドマネジメント、セクターカップリングが定義されている。電力系統間の融通を行う送電強化とは、例えば、九州電力エリアと中国電力エリアで送電線を通して電力を融通することをいう。また蓄電とは、蓄電池に電力を貯めることだが、そこにはポンプで水を高いところに汲み上げ、落とすことで発電する揚水式発電も含まれている。なお、これら全体を最適に制御するために、何重かの階層にわたるエネルギーマネジメントシステムが導入されている。

　セクターカップリングとは、電力セクターを他のセクターにカップリング（組

---

18 環境省サーキュラーエコノミー　https://www.env.go.jp/policy/hakusyo/r03/html/hj21010202.html

| 図表 3-5-2 | フレキシビリティ

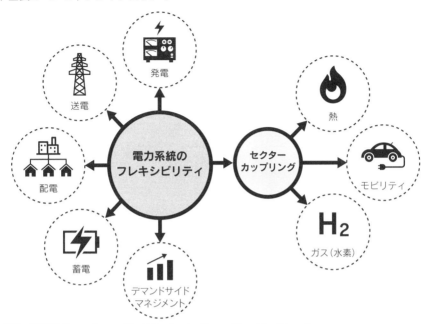

出所：IRENA Power System Flexibility for the Energy Transition Figure3
　　　https://www.irena.org/-/media/Files/IRENA/Agency/Publication/2018/Nov/IRENA_Power_
　　　system_flexibility_1_2018.pdf?rev ＝ 472c42dcadb746a7b4f6132d5dbf470e

| 図表 3-5-3 | セクターカップリング

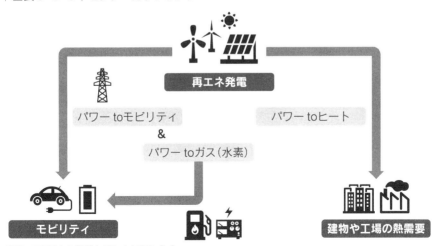

出所：IRENA の資料を元に AAKEL 作成

み合わせる）することであり、IRENAの定義では3種類に分類されている。（図表3-5-3)

　1つ目は、「P2H（Power to Heat)」という電気を熱に変えて貯蔵し利用する方法である。電気で冷水や温水を作りタンクに溜めておくことによりエネルギーとして貯蔵する方法で、エネルギー効率が高くコスト効果も高い方法と言われている。日本ではこの仕組みがオール電化住宅で実現されている。オール電化住宅は、ベース電源である原子力発電所の電力を有効活用する目的で開発された。電力が余る夜間電力の電気料金を安くし、その時間帯にエコキュートでお湯を作り貯めておく仕組みである。再生可能エネルギーの導入が拡大すると、夜間ではなく、太陽光が発電する日中に電力が余る事象が起こるため、その時間帯に熱に変えることが経済的で合理的な行動になる。すでに日本でも九州エリアでは、日中に電力が余る事象が起きており、これからはオール電化住宅のP2Hでの活用が期待される。

　建物や地域全体でのP2Hまで踏み込んだ取り組みも海外では進んでいる。スタンフォード大学では、P2Hの仕組みを2015年にキャンパス内に実装している。全米で最も広いキャンパス内の空調や給湯はすべて、集中型の熱供給システムで行われている。2011年に開始されたSESI（Stanford Energy System Innovations)[19]という取り組みの中で、それまでガスのコージェネレーションシステムで供給されていた熱を、電気のヒートポンプを活用したシステムにアップデートした。電力は太陽光発電と電力系統から供給されるが、電力系統からの供給については、再生可能エネルギーの余剰である時間帯に、カリフォルニア州内で取引されている電力が安くなることを利用し、安い時間帯に冷水を作る制御をしている。そして冷やす過程で出てくる熱で温水を作り、それをキャンパス内にある配管を通して流す仕組みとなっている。SESIのコントロールセンターには、何台ものモニターがあり、AIを活用したエネルギーマネジメントシステムで、最も経済性が高くなるように熱供給を最適制御している。日本では大型商業施設などで、電気のヒートポンプの活用が見られるため、市場価格に従った制御を行うことができれば、同様の仕組みが実現することができるかもしれない。

　2つ目が「P2M（Power to Mobility)」である。余剰電力をモビリティ、つまりEVの電池に貯める方法である。基本的にEVはEV充電器に接続すると即時に充電が始まってしまうが、それを電力の需給状況に合わせて充電することによ

---

19 SESI　https://sustainable.stanford.edu/campus-action/stanford-energy-system-innovations-sesi

り、再生可能エネルギーの有効活用に繋げるという考え方である。これはEVユーザーやフリート（複数の車）を所有して運用している企業にとっても重要な考え方である。敷地内の太陽光発電の電力を最大限有効活用する手段として有効なのはもちろんであるが、電力系統から充電する場合、電気料金のメニューとして時間帯別のメニューや市場連動型のメニューを選択すると、充電時間によってかなりの差が生じる。そのため充電時間を適切に管理するか否かで、経費にも大きな差が生じてくる。海外ではこうしたEV充電の制御に取り組んでいるスタートアップも多く、弊社でも数年かけて実証を重ねている。スタンフォード大学はキャンパスが広いことから、学内と駅や研究所を繋ぐバスが数十台規模で校内を走っている。2014年以降、順次そのバスをEVに切り替えており、現時点で50台近くのバスがEVバスとなっている。そして、EVが集まるステーション横の駐車場の屋根には太陽光発電が敷き詰められており、再生可能エネルギーの有効活用を図る仕組みが整備されつつある。現在、「スタンフォードエナジー」では、EVバスの充電を100％再生可能エネルギーにするための仕組みの構築が進んでいる。

　そして3つ目が「P2G（Power to Gas）」である。ここでいうガスとは水素のことで、余剰電力を使って水を電気分解することにより水素を製造することを指している。水素については、中東やオーストラリア、南米チリなどの砂漠地帯や高地の、kWhの発電コストが1〜2ドルの太陽光発電を利用し製造して輸送する仕組みの構築が進められているが、同時に需要地に近い場所で、余剰電力の時間帯に安い市場価格を利用した製造も一部では始まっている。水素は分子量が小さいことと無極性分子であることから扱いが難しく、輸送と貯蔵にかかるコストが非常に高い。そのため、可能な限り消費地に近いところで製造することで、コスト削減が狙える。この仕組みを実現するためには、水素を安価に製造するだけの安い電力を買えること、そして設備稼働率を高めるために、稼働時間が長いことが求められる。ドイツでは水素国家戦略のもと、多くのスタートアップが水素の研究開発に取り組んでいるが、中にはドイツの参加している電力市場のネガティブプライス（市場価格がマイナスになること）の時間帯に水素を製造することに取り組んでいるスタートアップもある。また水素は季節をまたぐ長期保存が可能な燃料であり、その点においてはP2HやP2Mとは位置付けが異なる。P2HやP2Mはあくまでも電力のタイムシフトの手段として活用されるが、P2Gはコストがかかる一方で、長期保存によるシーズンシフトが可能な仕組みである。例えば、北陸地方や東北地方といった寒い地域では、春から秋にかけては余剰の太陽

光発電から水素を製造し、冬の寒い時期にそれを利用するといった活用の仕方が考えられる。日本でも富山県の黒部にある、YKK 不動産が進めているパッシブタウンという「自然とともに暮らす」をコンセプトにした共同住宅プロジェクトや、長崎県壱岐市で進められているフグの養殖場での実証など P2G に取り組む実証が始まっている。

　ここまで P2H、P2M、P2G について詳しく解説したが、共通しているのは余剰の時間に別のエネルギーに変えて貯蔵をすることであり、そして、一部の地域では、その余剰を電力市場メカニズムを通じて効率的に活用している。欧州や米国の一部、オーストラリアの一部では、発電された電力の一部は、電力会社間の取引市場を通じて取引されている。日本にも電力卸取引所があり、電力会社間において 30 分単位で電力の売買が行われている。取引価格は電力の需給状況によって上下し、余っている時は安く、足りない時は高くなる。また、再生可能エネルギーが余剰の際は、発電所の出力を制御させる出力抑制が行われるが、その時間帯の電力はとても安くなる（**図表 3-5-4**）。

　日本の最低価格は 1 銭であり、九州電力管内では 2018 年より出力抑制の時間帯が発生し、最低価格に張り付くことも多い。また海外では、ネガティブプライシングといい、マイナス価格が付くこともある。要するに電気を使うとお金がもらえるのだが、発電所側からすると発電所を止めるコストより、買い取ってもらうコストの方が安くつくということである。コロナ禍において、一時期原油がマイナス価格になったのと同じ現象である。米国のように PTC（Production Tax Credit）と呼ばれる、再生可能エネルギーの開発に対する税制優遇制度によりネガティブプライシングでも利益がでるような枠組みが提供されている所もある。また、出力抑制時の系統電力は安いだけでなく、相対的にクリーンでもある。再生可能エネルギーの比率が高いことと、国の制度によって考え方は多少異なるが、例えば日本では発電の優先給電ルールというものがあり、ベース電源である原子力発電、水力発電、地熱発電の次に風力発電と太陽光発電の稼働が優先され、火力発電はそれより優先順位が落ちることから、出力抑制時には、火力発電は夕方の需要拡大する際の調整に必要な最低限の稼働のみ行われるために発電全体の CO_2 の排出量が少ない。なお、最終消費地で使う電力には発電価格に加えて、託送コストや再生可能エネルギー発電促進賦課金のような追加コストがプラスされるため、取引市場での価格でそのまま使えるわけではない。

　なお、セクターカップリングで定義されている 3 つ以外にも、例えば、余剰の電力を使い大気中から CO_2 を回収する DAC（Direct Air Capture）の装置を動か

| 図表 3-5-4 | 電力需給と電力取引価格の関係

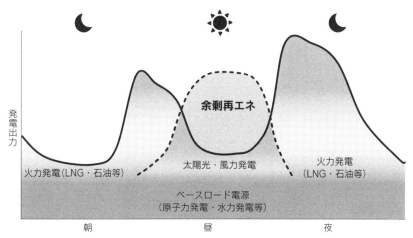

出所：経済産業省資料より AAKEL 作成

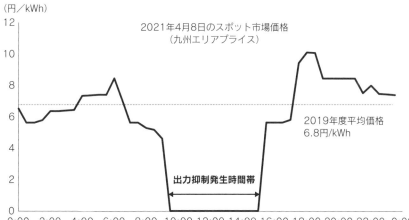

出所：日本制御電力所公開データより AAKEL 作成

すことや、CCUS を行うことが考えられる。また、余剰の電力も再生可能エネルギーだけではなく、原子力発電の電力を使うことも考えられる。すでに「イエロー水素」という呼び名があるが、原子力発電所の電力で水素を作るようなことも将来的には視野に入ってきている。

　このようにイノベーションを加速させるためには、テクノロジー単体の開発だ

けではなく、制度設計も含めた仕組み全体の整備が必要となり、カーボンニュートラルやクライメートテックが進んでいる国では、そうした仕組みの整備も同時並行で進んでいる。本章で第1部が完結となる。第2部では具体的にテクノロジーとスタートアップを解説していきたい。

Cleantech Group CEO
リチャード・ヤングマン氏

　本章で紹介したこの分野の世界的なシンクタンクであり、毎年1月に世界の投資家と起業家が注目するGlobal Cleantech 100リストを発表しているCleantech Group CEOのリチャード・ヤングマン氏に、2023年のGlobal Cleantech 100リストの発表の場である、Cleantech Forum North Americaの会場にてインタビューを行った。

宮脇（以下M）：Cleantech GroupのCEOとして、これまで数々の破壊的テクノロジーのレポートを書き、何万ものスタートアップと投資家を見てきた、クリーンテクノロジーの世界的な権威であるリチャードさんにインタビューの機会をいただくことができ光栄です。本日は、クリーンテクノロジーのこれまでの歴史や、この分野の起業家の特徴、アジア太平洋地域、そして日本について、リチャードさんの見方をお伺いしたいと思いますので、どうぞ宜しくお願いします。

　まず、Cleantech Groupがクリーンテクノロジーを中心に据え、このビジネスを始めたきっかけや動機は何でしょうか？

リチャード（以下R）：21世紀のイノベーションの最大の波は、持続可能性、クリーンテクノロジー、気候環境など、どのような言葉であれ、それに関連するものであるという信念が、ビジョンとしてありました。1990年代以降、科学的に気候変動が大きな問題になることは明らかでした。ただし、20年前、それはとてもビジョナリーなことでした。2002年に事業を始めた時点では、その問題について深く考えたり、信じたりする人はあまりいませんでした。結果的に、我々の着眼点が正しかったことがある程度証明されたと思いますが、そこまで来るにはかなりの時間がかかりました。

　そして、そのビジョンを実現するために、そのようなことをすでに手がけている企業がないか探してみようという発想から、現在のビジネスは始まりました。また、そうしたことに関心を持つ投資家がいるかどうかと周囲を見渡した所、そうした投資家もいることがわかりました。ただし、その数は現在と比較してとても少ないものでした。

　リサーチ事業では世界中に目を広げ、できるだけ多くの企業を調査しようと努めてきました。その結果、あなたの会社のアークエルテクノロジーズ（AAKEL）

リチャード・ヤングマン氏略歴

Cleantech Group 社 CEO。1992 年より、Barclays plc、BZW（現 Barclays Capital）にて、国際的な銀行の様々なビジネスとオペレーションに従事。その後 ABN AMRO にて、英国コーポレートグループの責任者に就任。Perle Consulting や Library House にて、リサーチプロジェクトのチームリーダーやテック系ベンチャーの評価に携わる。2008 年 4 月より、Cleantech Group に参画。欧州・アジア担当マネージングディレクターを経て、現在は CEO を務める。

Cleantech Group 概要

リサーチ、コンサルティング、イベントを通じて、イノベーションを原動力とする持続可能な成長のための機会を提供している。トレンドや企業から、産業の未来を定義する人々やアイデアまで、デジタル化、カーボンニュートラル、資源効率化が進む未来において、外部からのイノベーションに取り組み、成長を実現するために必要なカスタマイズされたサポートを提供している。2002 年に設立され、クリーンテック業界の発展に寄与する。北米とヨーロッパで非常に影響力があり、アジアにおいても影響力を広げている。毎年 1 月に発表される「Global Cleantech 100」は、世界中の投資家と起業家が注目するリストである。また、その姉妹リストとして、「Cleantech 50 to Watch」と「APAC Cleantech 25」の発表も始めた。「Cleantech 50 to Watch」は、世界の新星であるアーリーステージのスタートアップに焦点を当て、その中には将来「Global Cleantech 100」に選出される可能性のある企業も含まれる。「APAC Cleantech 25」はまだその 2 つのリストへの選出が少ない、オセアニアを含むアジア太平洋地域の注目スタートアップを発表するものである。著者の経営する AAKEL は 2022 年に APAC Cleantech 25 リストに選出。

を始めとして、世界中で3万7千社を超える企業を発見しています。

　コンサルティング事業では、そうしたリサーチデータベースや築き上げたネットワークを活用し、企業の役に立つような知識の提供や、企業分析、戦略支援を提供しています。

　そして、イベント事業では、世界中の人々を集め、起業家と投資家とのディールを実現するために、本当に重要な役割を担っていると感じています。

M：ありがとうございます。おっしゃる通り、会社設立は2002年と、アル・ゴアの「不都合な真実」よりも相当前でした。本当に早いタイミングで設立されたことに驚きます。

R：そうです。ただ、その時にはすでに将来を深く考えるリーダーの中には気候変動問題について考え始めていた優れたリーダー達がいたのも事実です。我々は、そうしたリーダー達の声にも耳を傾けながら、この問題が世間に認識されるかなり前のタイミングで自分達のビジネスを構築しました。

M：今回発表されたCleantech Groupのレポートにも表れているように、ここ数年、クリーンテックは大変な盛り上がりを見せています。ただし、スタートアップの企業価値評価がかなり高くなっているという指摘もあります。現在の状況をバブルだと呼ぶ識者もいて、10年前のオバマ大統領時代のグリーン・ニューディールバブルが思い出されますが、どのようにお考えでしょうか。

R：その点について、まず、私はクリーンテックバブルがあったとは思っていませんし、これからクリーンテックバブルが発生するとも思っていません。何故ならば、クリーンテックとは単なるテーマにすぎず、産業ではないからです。クリーンテックとはテーマであるという考え方は非常に重要です。クリーンテックとは気候変動や生物多様性に関するあらゆる種類のテクノロジーを包含するテーマです。フード、輸送、電力、建物、その他かなり様々な産業にまたがります。ですから、バブルとはクリーンテックというテーマに対して起きたのではありません。クリーンテックとはグローバル経済全体そのものです。クリーンテックバブルとなると、全産業にまたがるバブルと同義になってしまいます。バブルとは特定の産業、特定の時期に発生するものですので、個人的にはクリーンテックバブルという言い方は適切ではないと考えています。その表現は曖昧すぎます。10年前のことをいうのであれば、それは太陽光発電バブルやバイオ燃料バブルというべきだと思います。10年前、確かに太陽光発電やバイオ燃料に対する投資は過熱していました。ただし、他の分野はそんなことはなく、実際には投資不足の分野もありました。

今日、多くの人がクリーンテックバブルを再び心配しています。確かに特定の分野に対する投資が過熱していることは事実で、人々がバブルを心配するのも無理はありません。しかしクリーンテックというテーマ全体がバブルかと言えば、そうではありません。まだまだサステナブルのイノベーションに向けた多くの投資が必要な産業が沢山あります。

M：現在、この世界に長くいる投資家達が算出しているよりも遥かに高い企業価値評価がついているスタートアップについてどのような見方をされていますか。

R：グーグルやアマゾンが始まったとき、人々は彼らの評価が過熱していると推測したのを覚えています。しかし、今では当初彼らが「これは過大評価だ」と言った額の数百倍になっているのではないでしょうか。このように、将来どうなるかわからない未来の企業を評価するのは、非常に難しいことです。しかし、恐らく一部のスタートアップの企業価値評価が高騰していたのは確かだと思います。ただし、リセッションが囁かれる最近は、全体的に企業価値評価が下がっているように感じます。ただし、優良なスタートアップや有望な産業については、企業価値評価はまだかなり強く、高いと考えています。

　再度になりますが、本当に割高なのでしょうか。5年後、10年後に振り返って、過大評価だったと言える人はいないと思います。もしあなたが、世界のあらゆる産業を真にディスラプトしたり、カーボンニュートラルを実現したりできるテクノロジーを開発したのであれば、その可能性は何十億円、何兆円という単位になりますよね。ですから、もし現在の評価額が10億円や20億円だとしても、あなたの潜在能力が何千億円だとしたら、それは過剰評価とは言えません。もちろん、潜在的な可能性と、本当に将来のグローバルな多国籍企業になれるかということの間には、明らかな違いがあります。

M：そこで次の質問です。これまで、本当にたくさんのスタートアップを見てこられたと思います。成功するスタートアップと消えていく、あるいは大きくならないスタートアップの違いとは何だとお考えですか。

R：あなたは起業家ですから、この点についてもある程度理解しているはずです。つまり、魔法のレシピはないのです。ただ、基本的に備えておくべき資質はあります。まず1つ目は、そのスタートアップがどのような課題を解決しようとしているのかが明確かどうかということです。というのも、時々ある種のテクノロジーを持ち上げる人がいますが、実際には何を解決しようとしているかをよく理解していないのです。テクノロジーを押し付けるだけで、必ずしも課題を解決しているわけではありません。ですから優れたパフォーマンスを上げている起業家達

は、おそらく自分が解決しようとしている課題についてかなり明確な考えを持っているのだと思います。

　しかし、ほとんどの場合それは正しいとは言えません。つまり、ある課題解決の旅に出た後、それが想像していたのとは全く違うことに気づき始めたら、その状況に早期に適応しなければならないのです。これが２つ目の重要なポイントだと思います。柔軟に軌道修正できることは起業家にとってとても重要な資質です。

　そして３つ目は、率直に「運」です。ほとんどの人はそう言っているのを受け入れないでしょうけど。時々、人は運がいいことがあります。でも、それは本当に運がいいのでしょうか。ある意味ではそうかもしれません。起業家が成功するときは、その起業家の考える課題が正しいのですが、ただそれだけでなく、そのタイミングが完璧だったということもあります。企業を解散に至らしめるもうひとつの要因は、タイミングなのです。旅が長すぎると、資金が枯渇してしまうからです。そして、本当はとてもいいアイデアだったのかもしれませんが、途中で資金が尽きてしまうことがあります。

M：とても共感できる意見です。ありがとうございます。次にアジア太平洋地域、そして日本について伺いたいと思います。今年発表された Global Cleantech 100 ではアジア太平洋地域から選ばれたスタートアップはわずか４社でした。アジア太平洋地域のスタートアップについてどう思われますか。

R：基本的に、イノベーションこそが、私たちが望むカーボンニュートラルな世界を実現する原動力になると信じています。そしてイノベーションは様々な地域からもたらされるでしょう。何故でしょうか。例えば、この移り変わりと変革の時代の中で役割を果たすのがソフトウェアの企業です。ソフトウェアの企業はより早くグローバル化することが容易です。一方で、そのソフトウェアがどの地域でも上手くいくわけではありません。それは、問題がソフトウェアだけの内容ではないからです。例えば、電力市場はご存知の通り場所によって大きく異なります。ある市場には適したソフトウェアでも、他の市場にはあまり適していないこともあります。つまり、より多くのスタートアップが、特定の市場に応じたソリューションを展開するチャンスがあるということです。アジアの問題を解決するには、アジアの起業家が最も適しているはずです。なぜなら彼らは知識があり文脈もよく理解しています。

　起業家文化の違いはあるでしょう。明らかに、アメリカの方がアジア太平洋地域よりもイノベーション、起業家精神、リスクテイクといった文化が根付いてい

るのは間違いないでしょう。日本は外から見て、日本にはテクノロジーがたくさんあるように見えます。ただし、スタートアップが沢山あるようには見えません。大学を卒業した学生は、大企業や規模の大きな産業に行く傾向があるようですね。もちろん例外もあるのだと思いますが、そうした人は少ないのではないかと想像します。

M：Global Cleantech 100 社に日本のスタートアップはこれまで一度も選ばれていません。Global Cleantech 100 社に日本のスタートアップが選ばれるには何が必要だと思いますか。

R：スタートアップを生み出す文化が薄いとすると、日本のスタートアップが世界的に有名なスタートアップになる確率はぐっと下がりますよね。また、Global Cleantech 100 はこの市場に注力している多くの専門家の視点を集約したリストです。そして、それらの専門家は多くのスタートアップが存在している市場を見ますので、当然、その地域のスタートアップに対して、それなりのバイアスがかかります。スタートアップが少ない地域から、素晴らしいスタートアップが生まれることもありますが、戦略的に移転をするということも大事です。Lanza Tech というカーボンリサイクリングの企業をご存知ですか。彼らはニュージーランド発祥です。ただし、シカゴに移転し、今は米国の会社です。彼らが解決しようとしていた課題は、ニュージーランドという市場では明らかに小さく、その課題とイノベーションの中心地からも遠く離れていたために、移転をするという決断をし、そして成功しました。これは1つの例ですが、つまり、スタートアップは、自分がやろうとしていることに適した場所にいるのか、ということを考える必要があると思います。

M：最後に、我々の会社、AAKEL に何かアドバイスがあればお願いします。私たちは Global Cleantech 100 社の1つになり、テスラやインポッシブル・バーガーのように世界的に活躍する企業になることを目指しています。ただし、私たちが今取り組んでいるテクノロジーに少し懸念があります。なぜなら、私たちは EV フリートマネジメントやエネルギーマネジメントのソフトウェアを開発していますが、今年の100社のリストには、EV フリートマネジメントやエネルギーマネジメントを扱う企業はほとんど残っていません。過去には、沢山ありましたが、減ってきています。もしかすると、もう成熟しきってしまい、次のステージに入ってしまったテクノロジーを扱っているのではないかと心配しています。

R：リストからは減ったかもしれませんが、それらに関する企業がなくなったわけではありません。EV の充電管理は、まだ解決途上の問題で、まだ何年も改善さ

れ続けると思います。だから、リストに企業がほとんどないことを、この分野が
すでに成熟した分野であることの表れとは思わない方がいいと思います。この分
野が新しいフェーズに移行した証なのです。別の特定の分野での課題が重要にな
りつつあるという意味です。アメリカのカリフォルニア州では、新しい内燃機関
の自動車を運転したり購入したりすることができなくなる非常に厳しい法律が設
定されている場所です。そのマイルストーンが設定されたわけで、ある意味で、
ある一定の期限までに解決しなければならない問題が沢山あるということです。
そして、それが多くのイノベーションの原動力になっています。ですから、
AAKEL へのアドバイスは、おそらく、どんな課題を解決しようとしているのかを
はっきりさせることだと思います。どの場所で、誰のために、ということです。
今の日本の EV の状況について、私はあまりよく理解していません。しかし、強
力な規制がないとすると、もしかしたら違う場所を考える必要があるかもしれま
せん。例えばシンガポールは小さな市場で、市場としてはあまり魅力がありませ
んが、テスト市場としてはいいかもしれません。いずれにせよ、積極的に電化や
EV 化といったことに取り組む市場を特定し、そこで事業をする必要があると思
います。

M：どうもありがとうございました。とても参考になったとともに、勇気が湧き
ました。

R：こちらこそ、ありがとうございました。期待していますので、頑張ってくだ
さい。次は 6 月にシンガポールでお会いしましょう。

（2023 年 1 月 25 日）

カーボンニュートラルを実現するテクノロジー

While none of us have all the answers, together we may find a solution.
すべての答えを持ち合わせている人はいないが、
全員の力を結集すれば、解決策が見つかるかもしれない。

ジョン・ドア

第 2 部では、カーボンニュートラルを実現するテクノロジーについて、それぞれの産業の概要と最新のトレンドについて解説した上で、注目するスタートアップを紹介する。投資家や起業家にとって、テクノロジーの時系列を意識することが重要であるとの認識から、本書では 2030 年、2040 年、2050 年という時間軸を意識した上で、分野毎に整理を行った。各分野を節に分け、各節を次の構成で解説している。

概要：
　取り扱うソリューションの内容

市場規模：
　（該当するものがある場合は）公表されている世界の現在と将来の市場規模と成長率（CAGR）を表記

解決しようとしている課題：
　その分野が解決しようとしている具体的な課題の内容と解決するためのソリューション

現在のトレンド：
　現在開発が進んでいるソリューションの概要と、そのソリューションを開発している企業についての解説

注目企業のリスト：
　その分野で注目すべき企業を上場企業、レイターステージのスタートアップ、アーリーステージのスタートアップに分類して一覧にて紹介

注目企業の内容：
　リストの中でも特に注目する企業について、その取り組み内容と受賞、調達状況を具体的に解説

注目企業のリストについては、主にブレークスルー・エナジー・ベンチャーズ（BEV）や有力な CVC と VC の出資企業、Cleantech Group の各種リスト等から情報収集の上、参考になりそうなものをピックアップした。

　注目企業の内容の「調達状況」については、調べられる限り最新の状況を記述することを試みた。調達に関する前提知識である、調達ステージの考え方については、**下図**「スタートアップの調達方法」を参照いただきたい。

スタートアップの調達方法

調達の種類

エクイティファイナンス	外部の投資家に対して株式を発行し出資を受けることであり、返済義務はないが、株式価値の上昇を求められる
デッドファイナンス	経営計画を元に、金融機関から借入（融資）を行うことで、金利をのせ、期限内での返済を求められる
アセットファイナンス	土地や設備などの保有資産の信用力で、金融機関から借入（融資）を行うことで、金利をのせ、期限内での返済を求められる
補助金・助成金	主に行政から企業活動や設備更新に対する支援を受けることで、返済義務はない

エクイティファイナンス

　スタートアップの調達は主にエクイティファイナンスによって行われ、調達（ラウンド）のステージによってスタートアップの成長段階を表す

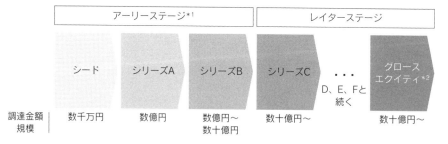

*1：ステージは、もう少し細かく「シード」「アーリー」「ミドル」「レイター」と区分することもある
*2：既に一定の事業・製品の売上を確保している企業が、規模拡大を図るための出資

第4章

2030年を目指した
テクノロジー

4-1 グリッド

グリッドの概要

　再生可能エネルギーの大量導入に向けた、双方向で分散型の電力システムに対応したアーキテクチャーへの刷新に向けて、送電網、配電網のデジタル化や性能向上に関わるソリューションから、末端の分散型エネルギーリソースの制御までを開発。

市場規模 (スマートグリッド)[1]

　1034億ドル　2026年
　CAGR 19.1% (431億ドル　2021年)

解決しようとしている課題

　カーボンニュートラルとはグリッド改革であるといっても過言ではないくらい、重要性の高い要の分野である。再生可能エネルギーの大量導入に向け、お天気依存の電力を、余剰を最小限に抑えながらスマートに使うことができる仕組みが求められる。日本でも九州地方ですでに顕在化しつつある再生可能エネルギーの出力抑制問題は、再生可能エネルギーの大量導入が進んでいる欧州や米国の一部の州では日常的な問題となっており、出力抑制される大量のグリーンな電力をいかに有効活用するかが大きな課題となっている。これを実現するためには、余剰の時間帯に電気を使い、需給逼迫時には使わない、もしくは貯蔵したエネルギーを使うといった仕組みが求められる。トーマス・エジソン以来、電力システムは需要にあわせて発電を制御するという「中央集権型」のアーキテクチャーで作られてきた。それが、再生可能エネルギーを大量に導入するためには、天候で出力が

---

1 https://www.marketsandmarkets.com/Market-Reports/smart-grid-market-208777577.html

変わる再生可能エネルギーの発電に応じて、需要側を制御する「分散型」のアーキテクチャーが必要となるのである。そのアーキテクチャーにはリアルタイムで需要を把握するための IoT やスマートメーター、発電や需要を予測するための AI、蓄電池や EV 充電を制御するための制御システム、需要を変動させるための料金メニュー等々、様々な仕組みを導入しなくてはならない。

グリッド分野の構成要素

　グリッドについては様々な構成要素があり、専門用語も多いため、簡単に整理をしておきたい。(図表 4-1-1)

　再生可能エネルギーや蓄電池等の分散型エネルギーリソースの制御を行うのが、DERMS (Distributed Energy Resource Management System) である。各分散型電源の状態を把握し、最適化の指令に応じてそれぞれの制御を行うテクノロジーである。グリッドの運用として DERMS は配電管理の ADMS (Advanced Distributed Management System) と連携し、電力系統との最適化を図る。最近注目されているものの 1 つに、この最適化を図るための意思決定支援システムが挙げられる。そして、この DERMS の上で、DR (Demand Response) や VPP (Virtual Power Plant) といったアプリケーションが動くことになる。

　DR は主に需給逼迫時に、末端の機器などの電力使用を下げることを促す行為であり、自動で制御するパターンと、通知をして下げる努力を促すパターンのものに分かれる。なお、電力余剰時に使用を促す「上げ DR」というものもあり、余剰の再生可能エネルギーで EV 充電や蓄電池への充電を行うような活用が期待されている。

　VPP は複数の分散型エネルギーリソースをまとめて、1 つの発電所のように管理することを言う。上げと下げの DR を組み合わせ、管理している VPP の単位毎に最適な制御を行う。ここで言う「最適」には複数の意味があり、再生可能エネルギーの有効活用をいう時もあれば、電力卸取引市場で最も利益の高い運用を実現するという文脈でも使われる。また、電力会社の利益最適化、すなわちできるだけ発電原価の安い時間帯に電力使用を促すような最適化もある。

　VPP や DR のアプリケーションを使い、市場での利益を最適化するプレーヤーを「アグリゲーター」といい、工場や商業施設、家庭の分散型エネルギーリソースを集め（アグリゲートし）、それらを最適制御することによってビジネスを行う。近年、欧米で多くの企業が参入している分野であり、日本でも注目されているビジネスモデルである。ただし、その複雑性とエネルギー市場の不安定さから

| 図表4-1-1 | 新しいグリッドのアーキテクチャー

ラスト1マイルで再エネ発電に合わせて需要を制御

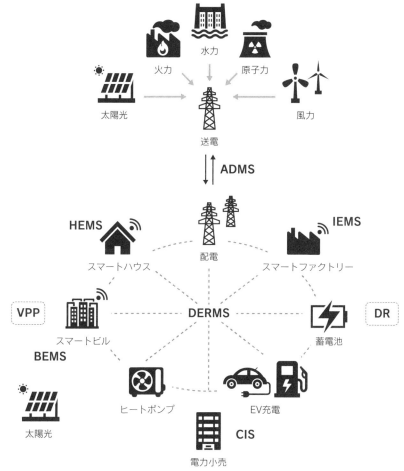

出所：AAKEL作成

難易度の高いビジネスモデルとして認識されている。

　DRを実現する手段の1つとして需要家に料金メニューによるインセンティブを与えるものがある。主な料金メニューとしては時間帯や季節によって電気料金が変わるTOU（Time of Use）や、需給状況や市場価格に連動するDP（Dynamic Pricing）がある。こうした料金メニューを管理するのがCIS（Customer

Information System）と呼ばれるアプリケーションである。CIS はこれまでも電力会社には必須のアプリケーションであったが、近年は TOU や DP への対応や EV や分散型エネルギーリソースへの対応メニュー、それらの見込み顧客の発掘など、分散型エネルギーリソースの導入拡大に応じた柔軟性のある新しい世代のソリューション提供が始まっている。

現在のトレンド

　2000 年代後半に気候変動が地球的な問題として定義された頃から、この分野に対する注目は高まり、「スマートグリッド」というキーワードが踊った。それから解決すべき課題の本質は変わってないが、近年はよりエッジ（メーター）側の蓄電池や EV の制御とそれに対応した配電側の管理にイノベーションの焦点が当たってきている。2010 年代半ばより VPP 関連のスタートアップが世界中で立ち上がり、クライメートテック市場の中心として活動していたが、2020 年頃から次々と M&A による売却が進みつつある。米国のこの分野のトップランナーとして有名だったシリコンバレーの AutoGrid Systems 社は 2022 年 5 月にフランスの大手電気機器メーカーの Schneider Electric 社に買収された。また、Cleantech 100 の常連であったトロントの Opus One Solutions 社も 2021 年 12 月に GE Digital 社に買収された。欧州のトップランナーで、日本では東芝が提携関係にあるドイツの Next Kraftwerke 社も 2021 年 3 月にオイルメジャーのシェルによって買収された。日本企業による買収も目立ち、2021 年 8 月の三菱電機による英国の Smarter Grid Solutions 社の買収や、2021 年 12 月の横河電気による PXiSE Energy Solutions 社（米国）の買収などが実施された。こうした各社の売却ラッシュの背景としては、VPP ソリューションの収益性やアグリゲータービジネスの難しさが世界各地で見えてきたのに対して、各社の上がり過ぎた企業価値評価とのギャップが明らかとなり、資金調達が難しくなったことが挙げられる。そのため、買収時にダウンラウンドするケースも数多く見られる。VPP ソリューションはプラットフォームビジネスであり、その標準を握ったものが大きな利益を手にするようなことも言われているが、実際は個別の分散型エネルギーリソースの資産形態に応じて、細かく調整しながら導入するものであり、そういった点の理解が進むようになったこともあるだろう。

　現在のトレンドとして、1 つは系統運用者や電力会社向けのソリューションに対する注目が高まっていることが挙げられる。代表的企業として EV 充電の系統接続に向けて機械学習による仕組みを提供するサンフランシスコの WeaveGrid 社

や、AI による電力会社の需要管理や分散電源管理、CO_2 排出分析を提供するテキサスの Innowatts 社が挙げられる。また、スタートアップではないが大企業とのオープンイノベーションで生まれた企業として、ドイツの Innogy 社（当時。現在は E.ON 社に統合され、再生可能エネルギー事業は RWE に移管された。）が、シリコンバレーのデータ管理ソリューション企業 Intertrust 社の技術を活用して立ち上げた、分散型エネルギーリソース普及に向けた配電系統のシミュレーションを行う DigiKoo 社なども同様の動きとして見て取ることができる。前述のようにカーボンニュートラルの 1 つの大きなチャレンジは、再生可能エネルギーの発電状況に応じて、需要側を制御するという、電力システムの根本的なアーキテクチャーの変更である。それを実現するためには、リアルタイムで細かいレベルでの高度な予測技術やそれに基づいた EV 充電器や蓄電池等の消費者側機器と配電設備の細かい制御、電気料金のメニューの工夫等々、これまでとは細かさと複雑さのレベルが異なる仕組みの導入が広範囲にわたり必要となる。再生可能エネルギーの導入が拡大し、出力抑制等の発生に伴い、そこに関するソリューションの必要性が出てきたことが背景として挙げられる。

　もう 1 つのトレンドが途上国向けのオフグリッドソリューションである。まだ電力インフラが十分に整備されていない、アフリカやアジア、南米向けに、太陽光と蓄電池を組み合わせ、課金体系を工夫して提供するオフグリッドのソリューションを提供するスタートアップが登場し、そこに投資が集まっている。例えば、太陽光発電、蓄電池、家電を組み合わせた Solar Home System を用いて、Pay As You Go 方式で課金するソリューションをアフリカ諸国に提供する英国の Bboxx 社や、通信環境の悪い中での検針を可能にするスマートメーターと課金のソリューションを提供する Spark Meter 社などがよく知られており、他にもオランダの ZOLA Electric 社や、シリコンバレーの Powerhive 社、SHYFT Power Solutions 社などがある。（図表 4-1-2）

グリッド分野の注目企業
① WeaveGrid[2]（サンフランシスコ　2018年設立　シリーズB）
　電力会社向けに、EV 充電のグリッド統合に関する課題解決を目指す機械学習ソフトウェアを提供する、スタンフォード大学発のスタートアップである。将来的に EV が普及すると、EV 充電により配電系統にかかる負荷が増すため、EV の

2　WeaveGrid HP　https://www.weavegrid.com

| 図表 4-1-2 | グリッド関連の注目企業一覧

スタートアップ・レイターステージ

企業名	設立年度	本社所在地	会社概要	BEV	CG
Origami Energy	2013	英国	分散型電源のリアルタイム監視、インテリジェント制御、最適利用、エネルギー市場取引サービスの提供		
Reactive Technologies	2010	英国	送配電企業向け分析・最適化プラットフォーム、発電事業者向け電力購入契約プラットフォームの提供	○	
Husk Power Systems	2008	インド	太陽光発電、バイオマスガス化、電池を活用した分散型ミニグリッドの提供		G100
Bboxx	2010	英国	電力網のない地域や信頼性の低い地域でのエネルギーアクセスのニーズを解決するためのサービスの提供		G100
ZOLA Electric	2011	オランダ	アフリカ等の新興国向けに、太陽光と蓄電池によるローカルレベルのエネルギーサービスの提供		G100

スタートアップ・アーリーステージ

企業名	設立年度	本社所在地	会社概要	BEV	CG
SHYFT Power Solutions	2016	シリコンバレー	新興市場における分散型エネルギー資源管理のための IoT ソリューションの提供		
Aakel Technologies	2018	日本	AI・IoT を活用し、ダイナミックプライシングをベースとしたエネマネ・EV充電の最適化サービスの提供		A25
SparkMeter	2013	ワシントンD.C.	アフリカ等の電力インフラの普及が遅れている地域向けにスマートメーターと課金ソリューションの提供	○	
envelio	2017	ドイツ	送配電企業がエネルギー計画・運用プロセスをデジタル化するためのプラットフォームの提供		G100
TS Conductor	2019	LA	送電・配電線の耐力を向上させるカーボンコア封入アルミニウム導体の提供	○	
Network Perception	2014	シカゴ	電気事業のサイバーセキュリティのためのソフトウェアの提供		
1KOMMA5˚	2021	ドイツ	ソフトウェアによる分散型エネルギー資源（DER）の設置・展開サービスの提供		
FlexiDAO	2017	オランダ	電力会社、企業が再エネ関するデータを管理・最適化するためのブロックチェーンベースのソフトウェアの提供		G100

Powerhive	2011	シリコンバレー	マイクログリッドの設計・管理を行うプラットフォームで、新興国におけるエネルギーアクセスサービスの提供		G100
Leap	2017	シリコンバレー	分散型電源が各地のエネルギー市場で取引できるよう支援するソフトウェアの提供		G100
Weave Grid	2018	シリコンバレー	送配電企業の EV グリッド統合の課題を解決する機械学習ソフトウェアの提供	○	G100
Innowatts	2013	ヒューストン	エネルギー企業向けにリアルタイムでエネルギー監視・予測を行うソフトウェアの提供		G100
FSIGHT	2014	イスラエル	分散型電源の自動制御、予測、最適化、取引する AI システムの提供		G100
depsys	2012	スイス	スマートグリッドを管理・最適化するためのハードウェアとソフトウェアの提供		G100
Element	2015	シリコンバレー	資産集約型産業向けの産業用ソフトウェア分析プラットフォームの提供		G100
Enervee	2010	LA	SaaS ベースの包括的なエネルギー消費量比較プラットフォームの提供		G100

注：BEV：Breakthrough Energy Ventures の投資先　CG：Cleatech Group の選出企業
［凡例］G100：Global100　A25：APAC25
出所：各社 HP より AAKEL 作成

充電時間を適切に制御する必要がある。WeaveGridのソリューションは、グリッド、EV、充電器に関するデータを収集し、EV ユーザーと電力会社の双方にとってメリットのある形でサービス提供を行うプラットフォームを開発。例えば、グリッドのオフピークの時間帯を狙った、EV 充電向け時間帯別料金の提供や制御を実施することにより、電力系統の負荷を減らすと同時に、EV ユーザーは安く充電することが可能となる。自らのソリューションを「車両グリッド統合（VGI: Vehicle Grid Integration）の充電管理ソリューション」という呼び方をしている。すでに米国の多くの電力会社と提携をしており、カリフォルニアのPacific Gas & Electric 社や、Baltimore Gas & Electric 社、Dominion Energy 社等とプロジェクトを進めている。Cleantech Group Global 100 には 2021 から登場。2021 年 5 月に実施した 1500 万ドルのシリーズ A ではブレークスルー・エナジー・ベンチャーズ（BEV）や Westly Group といった目利きのすぐれた VC からの出資を獲得。2022 年 11 月の 3500 万ドルのシリーズ B は Salesforce Ventures がリードとなり、BEV や Westly Group からもフォロー投資を獲得した。

② leap[3]（サンフランシスコ　2017年設立　シリーズB）

　主にアグリゲーター向けに、分散型エネルギーリソースが卸取引市場にアクセスすることを支援する SaaS ソリューションを提供している。多くの企業とパートナーシップを結び、サービスレベルを向上。グーグルが買収したスマートサーモスタットの Nest 社、太陽光 PPA の Sunrun 社や Sunnova 社、VPP ソフトウェアの Generac 社、蓄電池制御の Sonnen 社、ビルの空調制御の BlocPower 社等々、様々なプレーヤーと提携し、アグリゲーターにとって使いやすいサービスに成長させている。提携先からのデータを API 連携し集約、それを市場で売買して価値を最大化することを支援しており、蓄電池や太陽光に限らず、サーモスタットや冷凍・冷蔵設備といった細かい電源まで取引対象に加えられることで優位性を築いている。

　2020 年より Cleantech Group の Global Cleantech 100 に選出。2022 年の World Economic Forum のテクノロジーパイオニアにも選出されている。

　2021 年 10 月に 3350 万ドルのシリーズ B を実施。これまで英国と米国を中心にサービス展開する大手送配電事業者の National Grid 社や Powerhouse、Energy Impact Partners などが出資。日本からは ENECHANGE などが運営する JEF

3　leap HP　https://www.leap.energy

（Japan Energy Fund）が 2021 年 12 月に参加。

③ **Zola Electric**[4]（オランダ　2011年設立　シリーズE）

　途上国の無電化地域やグリッドの品質が悪い地域向けに、エネルギーアクセス向上のための蓄電池と太陽光のソリューションを Pay As You Go 方式のマイクロファイナンスとモバイル決済によって提供している。2012 年にタンザニアから導入をはじめ、2016 年にルワンダに拡大。2017 年にはコートジボワールへの展開のために、フランスの大手エネルギー企業の EDF 社と JV を設立。2022 年 11 月時点で 10 カ国以上、38 万カ所で 233 万人以上の顧客を持つ。2021 年の Global Cleantech 100 に選出。2013 年にテスラから出資を受けた際に、テスラ傘下の米太陽光発電サービス大手 Solar City 社の創業者が経営陣に加わる。2021 年 9 月に 9000 万ドルのシリーズ E を実施。投資家には EDF 社やテスラに加え、GE 社、仏石油大手の Total 社、Energy Impact Partners、テスラへの出資等によるインパクト投資で有名な DBL Partners などが名を連ねている。

④ **SparkMeter**[5]（ワシントンD.C.　2013年設立　シリーズB）

　アフリカ、アジア、南米といった電力インフラの普及が遅れている地域向けにスマートメーターと課金ソリューションを提供している。2022 年 11 月時点で世界 25 カ国以上に 15 万以上のスマートメーターを導入している。メーター（エッジ）側に多くの機能やデータを持たせ、通信状況が悪い中でも機能するアーキテクチャーとしている点が特徴。エッジ側の Nova というグリッドエッジ管理ユニットと Koios というクラウドソフトウェアによってメーター管理やグリッド管理、課金まで一気通貫に機能提供することにより、途上国の電力会社が簡易に導入できるものとなっている。2021 年の Fast Company の The Most Innovative Company in Energy で 1 位を獲得。2020 年 8 月に BEV や Powerhouse、オイルメジャーのシェルや Total 社から 1200 万ドルのシリーズ A を実施し、2022 年 3 月には 1000 万ドルの追加出資を受ける。

4　Zola Electric HP　https://zolaelectric.com
5　SparkMeter HP　https://www.sparkmeter.io

4-2 ｜ 再生可能エネルギー&蓄電池

再生可能エネルギー&蓄電池の概要

　発電から排出される CO_2 の削減に向けて、太陽光発電、風力発電、地熱発電、バイオマス発電等の再生可能エネルギーの出力向上や設置場所の拡大を目指したテクノロジーとビジネスモデルを開発。リチウムイオン電池や全固体電池等の蓄電能力向上を目指した蓄電池と、太陽光発電と蓄電池を組み合わせたソリューションを開発。

市場規模（再生可能エネルギー）[6]

　1兆9306億ドル　2030年
　CAGR 8.5%　8817億ドル

解決しようとしている課題

　世界の CO_2 排出量の3割は発電分野から排出されている。それをゼロに近づけるために CO_2 を排出しない発電の方法をできるだけ増やす必要がある。CO_2 を排出しない発電の方法としては大きく分けて、地球のエネルギーを利用する再生可能エネルギーによる発電と原子力発電、そして水素・アンモニアによる発電がある。現在導入されている原子力発電は第3世代と呼ばれるもので、技術的にはすでに枯れている。新しく研究開発が進められているのは第4世代と呼ばれ、より安全かつ核のゴミの量を抑えるための開発が進められているが、2030年代後半から2040年にかけて実用段階に入ると考えられている。また、水素については生成時に CO_2 を排出しないことが重要であり、そうした水素を実用可能なコストで広く流通させるためには、少なくとも2040年頃までかかると考えられている[7]。そのように考えた場合、2030年に CO_2 排出量を約半分にするという地球全体の目標を実現するためには、再生可能エネルギーの普及が最も現実的な策であることは言うまでもない。ただし、再生可能エネルギーの比率が拡大すると、どうしても需要とのギャップが生まれ、出力を抑制せざるを得ない状況が発生する。極力 CO_2 を排出しない電源から生成された電気を使うためには、そういった電気を貯蔵するための手段が必要となる。再生可能エネルギーとエネルギー貯蔵、それ

---

6 https://www.sphericalinsights.com/reports/renewable-energy-market
7 IEA Energy Technology Perspectives 2020　https://www.iea.org/reports/energy-technology-perspectives-2020

に前項のグリッドのソリューションがセットとなり、発電分野から排出されるCO_2を効率的に削減できるのである。

再生可能エネルギーと蓄電池の技術

再生可能エネルギーのエネルギー源と用途は一般に知られているより幅広い。（図表4-2-1）

太陽光については、太陽の光のエネルギーを吸収し、電気的なエネルギーに変換する太陽光発電、太陽の熱を使って温水や温風をつくる太陽熱利用、太陽熱を利用してその熱源で発電する太陽熱発電がある。太陽熱利用については菅原文太のコマーシャルを思い出す方も多いと思うが、実は非常に効率のいいエネルギーの使い方であり、また見直されるべき技術である。

風力は陸上と洋上に分かれ、洋上は着床式と浮体式に分かれる。浮体式についてはまだ実証レベルのものがほとんどであり、これから技術開発が進む分野である。陸上風力と洋上風力の着床式については、大規模化が進んでおり、羽根の長さが100メートルを超え、出力が15MWに達するものが出てきている。

地熱については、地熱から取り出した蒸気でタービンを回し発電する地熱発電と、地中の熱を利用してヒートポンプで温水や冷水を作り活用する地中熱利用が

| 図表4-2-1 | 再生可能エネルギーの種類

出所：AAKEL作成

ある。地中熱利用については、温度が一定の地中の熱を利用し、夏は気温より冷たい熱を、冬は気温より暖かい熱を利用して冷暖房に活用するものであり、温度差熱利用とも言う。地熱についても地中熱についても、近年注目が高まっている分野であり、この分野のスタートアップも増えてきている。

　バイオマスについては、木質チップを燃焼することによって蒸気を作り、その蒸気でタービンを回す直接燃料方式のバイオマス発電、可燃ゴミなどを加熱することによって発生するガスによってガスタービンを回す熱分解ガス化方式のバイオマス発電、家畜の糞尿や生ゴミ、下水汚泥が発酵することによって出る、メタンなどのバイオガスによってガスタービンを回す生物科学的ガス化方式がある。

　その他には潮の流れを使って発電する潮力発電や潮汐発電、冬に氷を貯蔵し、その冷熱を利用する雪氷熱発電などがある。

　蓄電池の種類も幅広い。（図表 4-2-2）

　蓄電池とは基本的に充電と放電を繰り返すことのできる二次電池のことを言い、その種類は主に正極と負極と電解液に用いる素材によって分けられ、二酸化鉛と鉛と希硫酸を使う鉛電池、オキシ水酸化ニッケルと水素吸蔵合金と水酸化カリウムを使うニッケル水素電池、リチウム金属酸化物と炭素材と有機電解液を使

| 図表 4-2-2 | 蓄電池の種類

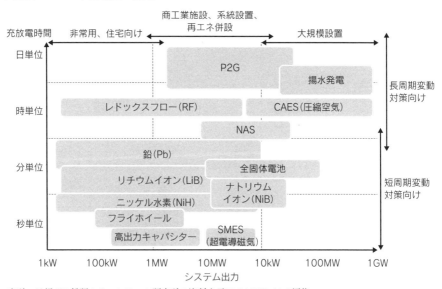

出所：日経 BP 総研クリーンテック研究所の資料を元に AAKEL にて編集

うリチウムイオン電池、硫黄とナトリウムと有機電解液を用いた NAS 電池などがある。技術革新が進んでいるところだと、リチウムイオン電池より低コストで長寿命な電池の開発が期待される、ナトリウム金属酸化物と炭素材と有機電解液を使うナトリウムイオン電池。電解液がなく正極と負極の間に電解質セパレーター層がある、安全性が高く長寿命な全固体電池。バナジウムなどのイオンの酸化還元反応を利用して充放電を行う、大型である一方、低コストで長寿命なレドックスフロー電池などがある。

　また、広義の意味での蓄電池として、ポンプで水を高いところに汲み上げて貯めた水による水力発電の揚水発電や、水を電気分解して水素として貯蔵する P2G（Power to Gas）なども挙げられる。

　このように様々な種類のある蓄電池は、その種類により出力や充放電の持続時間が異なるため、寿命やコスト、設置スペース等を勘案した上で、目的や用途によって使い分けられている。

現在のトレンド

　再生可能エネルギーについては 2000 年代中盤から大きく発展してきた。

　太陽光発電は、米国の Oxford PV 社などが開発するペロブスカイト太陽電池のようにパネルの性能向上を目指した技術開発も一部見られるが、2010 年代前半にはその開発競争は終焉を迎え、製造はほぼ中国メーカーの独占となっている。この分野については、技術開発から、ビジネスモデルの開発に焦点が移り、少し前まではユーザー側の初期コストゼロの PPA を米国で普及させ上場した Sunrun 社や SunPower 社のような企業が流行り、現在はコミュニティソーラーを始め、再生可能エネルギーの生産者と消費者のマッチングを行う Arcadia 社のような企業が先端企業として知られている。また、太陽光発電の設置工事に関わる不便さを解消するようなデジタルソリューションの提供も進んでおり、太陽光の見積もりや設計、設置に関わる業務をデジタル化した米国の Aurora Solar 社やドイツの Enpal 社などが知られている。

　風力発電機の開発は、すでに技術は枯れており、現在は大きさを争う状況であることから、米国の GE 社、デンマークの Vestas 社、スペインの Siemens Gamesa 社といった大手と Envision Energy 社等の中国勢の手によって行われており、そこにスタートアップの入り込む余地は少ない。そうした中で浮体式洋上風力についてはまだ発展途上なこともあり、シリコンバレーの Principle Power 社のようにフロート技術を開発するようなスタートアップもある。また、海上かつ高所で

の設備管理については、デジタル活用の余地が大きく、ドローンの活用によるデジタルソリューションを提供するフランスのSterblue社のような企業も登場している。

　再生可能エネルギーの技術開発におけるラストリゾート的な位置付けで、地熱に関するスタートアップが増えていることは注視すべきである。シェールガスで開発された水平掘技術を地熱発電開発に応用したFervo Energy社や、小型ドリルの開発により住宅での地中熱利用を実用可能なコストで提供することに成功したDandelion Energy社などには多くの投資と注目が集まっている。

　蓄電池については、まだまだ技術開発競争が激しい。リチウムイオン電池については既に量産化が進みCATL社やBYD社等の中国勢の独壇場となりつつあるが、全固体電池やナトリウムイオン電池については大手もスタートアップも開発競争をしている最中であり目が離せない。全固体電池ではスタンフォード大学発のスタートアップで2020年にSPACによる上場を果たしたQuantumScape社や、メルセデス・ベンツやステランティス、現代自動車等の大手自動車OEMからの支援を受けている米国マサチューセッツのFactorial Energy社、ナトリウムイオン電池ではスタンフォード大学発のNatron Energy社などが知られている。スタンフォード大学にはStorageXというイニシアチブがあり、現在のスタンフォードエナジーのチーフディレクターであり、IPO済みの蓄電池メーカーのAmprius Technologies社の創業メンバーであるYi Cuiがリードしている。そこから有名な蓄電池スタートアップが複数生まれていることは注目される。ただし、蓄電池単位では10年前のようにハードウェアの製造競争になる可能性があり、どうしても規模の経済に勝る中国に最終的に持っていかれる気配が隠せない。レアメタルを含むサプライチェーンの構築を国家戦略として進めなければ、この分野の勝者になれないであろう。蓄電池についてはドイツのZonnen社や、英国のMoixa社、米国サンフランシスコのStem社のように、蓄電池をAIによって最適制御するようなソフトを組み合わせたサービスも多く登場した。（図表4-2-3、4-2-4）

再生可能エネルギー分野の注目企業
① Enpal[8]（ドイツ　2017年　シリーズC）

　ユニコーン企業。太陽光発電と蓄電池等の周辺機器をサブスクリプションによって20年間提供し、最終的に顧客の所有物とするビジネスを、ドイツを中心に

8　Enpal HP　https://www.enpal.de/

展開。このビジネスモデルを自ら SaaS（Solar as a Service）と呼んでいる。太陽光発電の設計や発電電力量予測に AI を活用し、オンラインでのやり取りのみで設計から設置まで可能とする仕組みを構築しているところが強み。また、太陽光発電の導入に併せて、蓄電池やスマートホーム機器、エネルギーサービス向け IoT 等も提供し、バンドルサービスで ARPU（1 ユーザあたりの平均的な売上）を向上させる仕組みを提供することにより、商業的な成功を既に収めている。スマートホームについても AI と IoT を活用し発電電力量と消費量の正確な解析を行い、見える化と機器の最適制御を実現している。基本的には太陽光や蓄電池のリース事業者だが、デジタルを強みとしたデジタルエネルギー企業と言える。2022 年に Cleantech Group の Global Cleantech 100 に選出。2021 年 10 月にソフトバンク・ビジョン・ファンドを含む 2 億 5000 万ユーロのシリーズ C を実施し、ユニコーン企業となる。その他の投資家としては世界有数の資産運用会社 BlackRock 社や米 Solar City 社の共同創業者の 1 人である Peter Rive などがいる。2022 年 12 月には、BlackRock 社などからさらに 8 億 5500 万ユーロを調達し、資金調達総額が 16 億ユーロに達した。

② Dandelion Energy[9]（NY　2017年設立 シリーズB）

　温度が一定の地中熱を活用し、ヒートポンプによる冷暖房を住宅向けに安価に提供するソリューションを提供している。グーグルの次世代開発プロジェクト「X」の出身企業。創業者の Kathy Hannun はスタンフォード大学でコンピューターサイエンス修士を取得。現在はニューヨーク州を中心にビジネスを展開し、全米に広げる計画。2021 年よりバーモント州の電力会社 Green Mountain Power 社と協同し、州内で住宅用暖房の販売を開始。地中熱利用の技術は以前からあったものの、導入コストの高さがネックであった。独自の小型ドリル開発により、工期を従来の 3～4 日から数時間へと大幅短縮することに成功し、導入コストを大幅に削減することが可能となった。2018 年に Fast Company の The most innovative company in Energy に選出され、Cleantech Group の Global Cleantech 100 にも 2020 年に選出。2021 年 2 月に BEV 等から 3000 万ドルのシリーズ B を実施し、2022 年 11 月にはシリーズ B1 で 7000 万ドルを追加調達した。

9　Dandelion Energy HP　https://dandelionenergy.com/

| 図表 4-2-3 | 再生可能エネルギー関連の注目企業一覧

上場企業

企業名	分野	設立年度	本社所在地	上場市場	会社概要	BEV	CG
Sunrun	太陽光	2007	シリコンバレー	ナスダック	PPA による住宅用太陽光発電とエネルギー貯蔵サービスの提供		G100
Sunnova	太陽光	2010	ヒューストン	ニューヨーク	PPA による住宅用太陽光発電とエネルギー貯蔵サービスの提供		
Enphase Energy	太陽光	2006	シリコンバレー	ナスダック	太陽光発電向けマイクロインバーター・システムの製造		G100
Ormat Technologies	地熱	1965	ネバダ州	ニューヨーク	地熱発電システムおよび排熱回収発電システムの製造・販売・施工サービスの提供		

スタートアップ・レイターステージ

企業名	分野	設立年度	本社所在地	上場市場	会社概要	BEV	CG
Enpal	太陽光	2017	ドイツ		【ユニコーン】リース型のソーラーシステムおよび設置サービスの提供		G100
Fervo Energy	地熱	2017	ヒューストン		シェールの採掘技術を使い、強化地熱システムの建設・運営	○	G100
LevelTen Energy	サービス	2016	シアトル		再生可能エネルギーの買い手、アドバイザー、売り手、融資担当者向けの取引インフラの提供		G100
Aurora Solar	太陽光	2013	シリコンバレー		【ユニコーン】太陽光発電の設計と手続きを簡単にするクラウドベースのプラットフォームの提供		G100
Oxford PV	太陽光	2010	英国		太陽エネルギーのコスト削減を可能にするペロブスカイト・オン・シリコン・タンデム太陽電池の製造		G100
Arcadia	サービス	2014	ワシントンD.C.		消費者向けクリーンエネルギー直接購入プラットフォームの提供		
Mainspring Energy	リニア	2010	シリコンバレー		様々な燃料からエネルギーを生成できるリニア発電機の製造		G100
Octopus Energy	サービス	2015	英国		【ユニコーン】再生可能エネルギーベースの電力の提供		
OVO Energy	サービス	2009	英国		【ユニコーン】再生可能エネルギーベースの電力の提供		
Principle Power	風力	2007	シリコンバレー		40m 以上の深海向け浮体式洋上風力発電の基礎部分や浮体の製造		G100

スタートアップ・アーリーステージ

企業名	分野	設立年度	本社所在地	上場市場	会社概要	BEV	CG
Sterblue	風力	2016	フランス		ドローンを使った風力発電機の予知保全点検サービスの提供		
X1 Wind	風力	2017	スペイン		洋上風力発電のための浮体式風力プラットフォームの開発		G100
Arnergy	太陽光	2013	カナダ		太陽光をはじめとする分散型電源および遠隔エネルギー管理ソリューションの提供	○	
Terabase Energy	太陽光	2019	バークレー		大規模太陽光発電の追跡と自動化を行う開発・展開プラットフォームの提供	○	
Natel Energy	水力	2005	シリコンバレー		自然環境に優しい水力発電用タービンの製造	○	G100
Baseload Capital	地熱	2018	スウェーデン		地熱発電所の開発資金を提供する地熱プロジェクト開発サービスの提供	○	
Eavor Technologies	地熱	2017	カナダ		クローズドループ、伝導のみの地熱エネルギーソリューションの提供		
Dandelion Energy	地熱	2017	NY		冷暖房・給湯のためのソフトウェア対応住宅用地熱システムの提供	○	G100

注：BEV：Breakthrough Energy Ventures の投資先　CG：Cleatech Group の選出企業
［凡例］G100：Global100
出所：各社 HP より AAKEL 作成

図表 4-2-4 │ 蓄電池関連の注目企業一覧

上場企業

企業名	設立年度	本社所在地	上場市場	会社概要	BEV	CG
CATL	2011	中国	深圳	リチウムイオン電池の製造		
BYD	1995	中国	香港	EV およびリチウムイオン電池の製造		
Amprius Technologies	2008	シリコンバレー	ニューヨーク	電極にシリコンを用いたエネルギー密度の高いリチウムイオン電池の製造		
Microvast	2006	ヒューストン	ナスダック	商用車や特殊車両向けリチウムイオン電池の製造		G100
Quantum Scape	2010	シリコンバレー	ニューヨーク	エネルギー密度が高く、急速充電でき、耐用年数の長い全固体電池の製造	○	

スタートアップ・レイターステージ

企業名	設立年度	本社所在地	上場市場	会社概要	BEV	CG
Factorial Energy	2020	ボストン		リチウムイオン電池より航続距離が長く、安全性の高い全固体電池の製造		
Primus Power	2009	シリコンバレー		レドックスフロー電池の製造		G100
Hydrostor	2010	カナダ		水中断熱圧縮空気エネルギー貯蔵システムの製造		G100
Form Energy	2015	ボストン		【ユニコーン】既存のベースロード発電に代わる低コストで長時間持続できる鉄空気蓄電池の開発	○	G100
Northvolt	2016	スウェーデン				
Natron Energy	2012	シリコンバレー		プルシアンブルー電極を用いたナトリウムイオン電池の製造		G100

スタートアップ・アーリーステージ

企業名	設立年度	本社所在地	上場市場	会社概要	BEV	CG
e-Zinc	2012	カナダ		寒冷地でも高温地でも機能し、豊富でリサイクル可能な材料の空気亜鉛電池の製造		G100
Addionics	2017	英国		3D ベースの二次電池用電極の製造		G100
Antora Energy	2017	シリコンバレー		グリッドスケールのエネルギー貯蔵のための低コスト熱電池の製造		N50
Malta	2018	ボストン		温度差による熱力学を活用した電熱型バッテリーの製造	○	
Alpha ESS	2012	中国		リン酸鉄リチウムイオンの製造		G100

注；BEV：Breakthrough Energy Ventures の投資先　　CG：Cleatech Group の選出企業
[凡例] G100：Global100　N50：Next50
出所：各社 HP より AAKEL 作成

③ Fervo Energy[10]（ヒューストン　2017年設立　シリーズC）

　強化地熱システム（EGS：Enhanced Geothermal Systems）による地熱発電所を建設・運営している。強化地熱システムとは、地中深い岩盤層に人為的に貯留層を作り、そこに水を送り込み蒸気を生成し、その蒸気でタービンを回すというもの。シェールガスに使われる水平掘技術を応用し、人為的貯留層の掘削を行うことに成功した。また、岩盤層は高温でなければならず、その適地探索に光ファイバーセンサーとAIを活用している。2021年5月に24時間365日の再生可能エネルギーによるデータセンター運営を実現するために、グーグルがラスベガスのあるネバダ州のデータセンターにおける長期PPAとAI・機械学習モデルの開発における提携を発表した。Cleantech GroupのGlobal Cleantech 100に2022年に選出。2019年7月のシリーズA以降、急速に成長しており、2021年4月には2800万ドルのシリーズB、2022年8月にはシリコンバレーのディープテック投資を行うVCのDCVCがリードとなり1億3800万ドルのシリーズCを実施。BEVは初期からの投資家で、シリーズCでもフォロー投資を行った。

蓄電池分野の注目企業

① Natron Energy[11]（シリコンバレー　2012年設立　シリーズD）

　ナトリウムイオン電池による定置用蓄電池を開発している。創業者のColin Wessellsがスタンフォード大学での自らの博士論文を元に創業。スタンフォード大学ではYi Cuiの研究室に所属。Natronが特許を持つプルシアンブルー電極は、他の蓄電池よりも早く、頻度高く、低い内部抵抗でナトリウムイオンを貯蔵することができ、充電・放電時の歪みはゼロ、5万回のサイクル寿命を実現。製造コストを大幅に下げる可能性を持つ。レアメタルを必要とせず、アルミニウム、鉄、マンガン、ナトリウムイオン等の汎用材料から製造していることも今後の成長に期待がかかる所以である。米国エネルギー省が立ち上げたエネルギー分野のハイリスクハイリターン技術への支援を行うARPA-Eによる支援を受けている。Cleantech GroupのGlobal Cleantech 100に2022年に選出。2020年7月に3500万ドルのシリーズDを実施。産業技術企業のABB社、オイルメジャーのChevron社、シリコンバレーVCのKhosla Ventures社などが出資。

---

10 Fervo Energy HP　https://fervoenergy.com
11 Natron Energy HP　https://natron.energy

② Malta[12]（マサチューセッツ　2018年設立　シリーズB）

　高温と低温の蓄電媒介物の間の温度差による熱力学を活用したエネルギーの長期保存を目的とした電熱型バッテリーを開発している。ヒートポンプを活用し電気を熱エネルギーに変換し貯蔵、温度差を活用して再び電気エネルギーに転換するシステムを構築。高温の熱は塩化ナトリウムに貯蔵、冷気は炭化水素液に貯蔵している。この仕組みはスタンフォード大学のノーベル賞受賞物理学者のRobert Laughlinの理論を活用したものである。リチウムイオン電池よりも電力の長期保存が可能で、消耗もしないことが特徴。また、塩や冷却材が素材となるため、製造コストを下げることが可能。グーグル「X」プロジェクト発のスタートアップ。2021年2月と8月に合計6000万ドルのシリーズBを実施。BEVやオイルメジャーのChevron社が参加。

4-3 スマートビル＆ホーム

スマートビル＆ホームの概要

　商業施設やオフィスビル、家庭から排出されるCO_2の約10％削減に向けて、エネルギー利用の効率化や再生可能エネルギーの最適利用を目指したスマートビル、スマートホームとその周辺のソリューションを開発。

市場規模（Energy Management System）[13]

　877億ドル　2028年
　CAGR 15.8％（364億Bドル 2021年）

解決しようとしている課題

　ビルや家のカーボンニュートラルとは、空調や給湯、厨房といった、そこで使われるエネルギーをカーボンニュートラルにすることである。方法には大きく3つのステップがある。（図表4-3-1）
　まずは「電化」である。例えば、ガス給湯器を電気のヒートポンプに、ガスコンロをIHクッキングヒーターに変えるといった対応が考えられる。次のステッ

12 https://www.vantagemarketresearch.com/industry-report/energy-management-systems-market-1602
13 https://www.globenewswire.com/en/news-release/2022/05/30/2452529/0/en/Energy-Management-Systems-EMS-Market-Size-2022-2028-To-Reach-USD-87-7-Billion-at-a-CAGR-of-15-8-Industry-Trends-Share-And-Growth-Analysis-Vantage-Market-Research.html

プは「エネルギー効率化」である。効率化には大きく 2 つの方法がある。1 つ目は、古くて効率が悪い設備を、新しい高効率なものに更新することである。エアコンや冷蔵庫、ビルなどの電気設備であるキュービクルは効率化が進んでおり、設備更新によって改善される割合がかなり高い。また、リフォームを行い高断熱・高気密にするといった対応も考えられる。2 つ目は運用改善といい、各設備を無駄なく効率的に動かすことによってエネルギー使用量を減らすことである。照明のスイッチを細かくオンオフしたり、空調の温度を調整したりして、無駄なエネルギー利用を減らす。もちろんここにはデジタルが入り込む余地が大きく、HEMS や BEMS といったソリューションの主な目的はこの運用改善を行うことである。The Climate Group という国際的環境 NPO が運営している EP100 というエネルギー効率（Energy Productivity）を倍増（使用エネルギー量を半減）させることを目指す企業が参加する取り組みはこのステップにあたる。アマゾンが買収した、米国の高級スーパー Whole Foods Market のサンフランシスコ郊外の店舗では、市の補助金も活用してこのエネルギー効率化の実証が行われた[14]。エネルギーの専門家を交え、考えられる効率化策を 107 案抽出。抽出された効率化

| 図表 4-3-1 | 建物のカーボンニュートラルのステップ

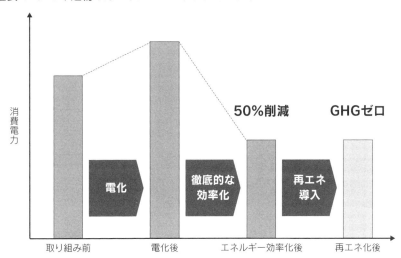

出所：AAKEL 作成

14 出所：https://www.arup.com/projects/whole-foods-journey-to-net-zero-using-a-genetic-algorithm

策は、冷凍・冷蔵設備に蓋をつける、陳列棚の配置を変える、入口部分から熱が逃げないような工夫、照明のLED化と調整等々、とても地道なものが多く提案された。そして、その107案の組み合わせからアルゴリズムで予算にあう最も効果の高い施策を選び出したところ、およそ46％エネルギー消費量の削減が得られたという。こうしたエネルギー効率化の取り組みをいかに汎用化して、多くの建物に適用できるかがポイントとなってくると考えられる。

　最後の3ステップ目が「再生可能エネルギー化」である。全ての電気を再生可能エネルギー由来の電力で賄うために、まずはできるだけ敷地内で太陽光等を設置し、自家消費で賄うところから始め、それで賄えない分は、電力会社から再生可能エネルギー由来の電力を購入する等の対応をすることになる。

　基本的には、このようなステップにより建物のカーボンニュートラルが図られることとなるが、実はどれも既に適用可能なものばかりである。それゆえに、このステップを加速させるための工夫が必要であり、そこに対するイノベーションが今まさに進んでいる。

スマートビル＆ホームの構成要素

　前述のように建物のカーボンニュートラルはとても地道な施策の塊である。中でも特に地道な努力が必要な「エネルギー効率化」に向けては、6項目にエネルギーマネジメントを追加した、7つの構成要素で考えられる。（図表4-3-2）

　住宅・ビル設備とは、サッシや窓の二重化、三重化、床や壁への断熱材など、気密と断熱対策である。空調設備はHVAC（Heating、Ventilation、Air Conditioning）と呼ばれ、冷暖房と換気のことである。照明設備、冷凍・冷蔵設備は、文字通りの設備であり、給湯・給排水設備は、水回りの設備でポンプも使う。電気設備とは、住宅であればブレーカー（Electrical Panel）、ビルであればキュービクルである。エネルギーマネジメントシステムはその用途と範囲に応じて、ビル向けはBEMS（Building Energy Management System）、工場向けはIEMS（Industrial Energy Management System）、住宅向けはHEMS（Home Energy Management System）となる。IoTの発展により、大きな工事をしなくてもエネルギーマネジメントシステムの導入ができるようになってきている。

現在のトレンド

　この分野は消費者に近いこともあり、この10年ほどで様々なサービスが誕生している。先ほどの7項目に整理されるところとして、まず住宅・ビル設備では、

| 図表 4 - 3 - 2 | エネルギー効率化の視点

出所：AAKEL 作成

2022年3月にNASDAQ上場を果たしたガラスメーカーのView社のように、熱や日差しによってガラスの色を変化させるようなスマートウィンドウが注目される。空調についてはグーグルが2014年に買収したNest社を始め、カナダのEcobee社、ドイツのtado°社、LAのZen Ecosystems社などが提供している、スマートサーモスタットと呼ばれるIoTと機械学習を元に最適な空調を自動制御するようなサービスが1つの流れとしてある。また、新しい冷媒の発明をして、レオナルド・ディカプリオも出資するLAのBluon社のような開発も注目される。冷凍・冷蔵設備では、冷蔵庫内にセンサーをつけ、熱の漏れ状況等を監視しながら、温度を最適制御するAxiom Cloud社のようなサービスが出てきている。電気設備については、分散型エネルギーリソースへの対応やネットへの接続によるソフトウェアアップデートの機能を持った、新しい世代のスマートパネルを提供するSpan社などがある。ビル全体のエネルギーマネジメントについては、IoTとAIを活用した見える化と最適制御をするような企業が数多く登場しており、シリコンバレーのCarbon Lighthouse社やVerdigris Technologies社、ミネアポリスの75F社などがよく知られている。また、エネルギー初期投資ゼロで、削減エネルギーによって費用を徴収するようなビジネスモデルも登場し、ビル向けにはカ

ナダの Parity 社や NY の Bloc Power 社、家庭向けには NY の Sealed 社などがある。（図表4-3-3）

スマートビル&ホームの注目企業

① 75F[15]（ミネソタ州　2012年設立　シリーズA）

　空調システム（HVAC）や照明に対応した予測型ビルオートメーションシステムを開発している。IoT、センサーよって人間の建物や部屋への出入り等のデータをリアルタイムで監視し、機械学習を活用することにより商業用ビル等のエネルギー効率化を図るソリューションを提供。快適さを保ちながらエネルギーの非効率を未然に防ぎ、エネルギー使用を20〜50％削減する。提供するエネルギーマネジメントシステムはスマホアプリであり、スマートフォンをはじめとするモバイル端末で利用が可能で、UX に定評がある。既に多くの実績があり、メルセデスや We Work 等のオフィスや、学校や病院、商業施設に展開。2021年より Cleantech Group の Global Cleantech 100 に選出。2021年7月に2800万ドルのシリーズ A を実施。BEV を始め、シーメンス系列の投資ファンド等が出資。

② Span[16]（シリコンバレー　2018年設立　シリーズB）

　家庭の分電盤（Electrical Panel）のスマート化を進めている。一般的な家庭の分電盤は、1950年代から変わっていない技術を使用しており、太陽光発電やEV、蓄電池等の分散型エネルギーリソースをサポートするように設計されていない。Span 社が開発するスマートパネルは、そうした分散型エネルギーリソースを容易に統合できるものであり、ネットへの接続機能を内蔵することにより、ソフトウェアのアップデートも可能。テスラの元エンジニアを含むチームで運営されており、テスラで実装されている OTA（Over the Air、無線通信を経由してデータを送受信し、ソフトウェアの更新などを行うこと）の考え方が取り入れられている。ユーザーはスマホアプリで細かい電力の制御が可能。2021年10月には分電盤と連動する EV 充電器もリリース。バーモント州の Green Mountain Power 社や Sunrun 社との間で、同社のスマートパネルを同社の住宅向けクリーンエネルギー製品に含める契約を締結している。2022年 The most innovative company in Energy に選出。2021年に Cleantech Group の Global Cleantech 100 に選出。

---

15 75F HP　https://www.75f.io/en-in/
16 Span HP　https://www.span.io/

2022 年 3 月に 9000 万ドルのシリーズ B を実施。不動産産業界向け VC の Fifth Wall 社や米大手金融機関の Wells Fargo 社などから出資を受ける。

③ Sealed[17]（NY　2012年設立　シリーズB）

　消費者の住居の特性やエネルギーの使用パターン等を AI で分析し、エネルギー効率化を提案している。「クライメート・コントロール・プラン」（Con Edison 社や NRG 社等の米大手電力会社が住宅所有者向けに推進）というエネルギーコストの削減分をヒートポンプの支払いに充てるプログラムを提供し、消費者は実質負担ゼロで高効率ヒートポンプの導入が可能になる。ヒートポンプのほか、スマートサーモスタット、LED 照明等の導入や、窓等の隙間を埋めるエアシール、断熱材等のリフォームに対しても同様のプログラムを提供している。ヒートポンプでダイキンと提携。2021 年 The most innovative company in Energy に選出。2021 年 6 月のシリーズ B では、不動産産業界向け VC の Fifth Wall 社がリードし、ロバート・ダウニー・ジュニアが共同設立した FootPrint Coalition Ventures 社なども参加している。

④ BlocPower[18]（NY　2014年設立　シリーズA）

　学校や住居用等の中規模ビルのエネルギー性能を分析・管理するソフトウェアを開発している。ビルに効率の良い冷暖房、照明、温水暖房システムを設置し、ビルの所有者や電力会社、地方自治体から報酬を得て、グリーンビルディングの取引を促進。特に活動の拠点としている NY には古い建物が多く、それらは化石燃料によるボイラーの使用も多いため、それを効率の良い機器に変えることで、地球環境的にもコスト的にも改善を図っている。ゴールドマン・サックスと共同で金融商品を開発し、顧客が初期投資を抑えてエネルギー効率の良い機器を設置するための資金調達スキームを提供。また、ダイキンとパートナーシップを結び、高効率のヒートポンプを普及する活動を展開している。創業者の Donnel Baird はオバマ元大統領の選挙支援をした後、米エネルギー省に勤務、その後同社を設立。

　2022 年に The most innovative company in Energy に選出。2021 年に Cleantech Group の Global Cleantech 100 に選出。ジェフ・ベゾスの気候変動ファンド Bezos

---

17 Sealed HP　https://sealed.com
18 BlocPower HP　https://www.blocpower.io

| 図表4-3-3 | スマートビル・スマートホーム関連の注目企業一覧

上場企業

企業名	分野	設立年度	本社所在地	上場市場	会社概要	BEV	CG
View	スマートビル	2006	シリコンバレー	ナスダック	ビル用スマートガラスの製造		G100

スタートアップ・レイターステージ

企業名	分野	設立年度	本社所在地	上場市場	会社概要	BEV	CG
Deepki	スマートビル	2014	フランス		統計学とコンピュータサイエンスを駆使して、既存の顧客データをエネルギー効率化アクションプランに変えるビル向けソフトウェアの提供		G100
Tibber	スマートホーム	2016	ノルウェー		デジタル管理プラットフォームを通じて再生可能エネルギーの消費を促すスマートホームデバイスを提供		G100
Ohm Connect	スマートホーム	2013	シリコンバレー		需要の高い特定の時間帯に電力を削減するようユーザーにインセンティブを与えるデマンドレスポンスの提供		G100
tado	スマートホーム	2011	ドイツ		スマートフォンから家庭の冷暖房システムを制御できるスマートサーモスタットとSaaSプラットフォームの提供		G100
Uplight	スマートビル	2004	コロラド州		【ユニコーン】エネルギーサービスマネジメント（ESM）ソリューションの提供		G100
ecobee	スマートホーム	2007	カナダ		居住者の快適性と省エネを向上させる住宅・商業用のスマートサーモスタットの提供		G100

スタートアップ・アーリーステージ

企業名	分野	設立年度	本社所在地	上場市場	会社概要	BEV	CG
75F	スマートビル	2012	ミネソタ州		HVAC、照明、設備制御の要件に対応した予測型ビルディングオートメーションシステムの提供	○	G100
Blue Frontier	スマートビル	2017	マイアミ		持続可能な空調技術の提供	○	
Woltair	スマートビル	2018	チェコ		ヒートポンプ設備、太陽光など代替電力設備のコンサルテーション用プラットフォームの提供		

METRON	スマート ビル	2013	フランス	産業グループがエネルギーパフォーマンスを最適化し、活動を脱炭素化することを可能にするエネルギー管理プラットフォームの提供		G100
Parity	スマート ビル	2015	カナダ	ビルの運用を最適化する AI ソリューションの提供		G100
Carbon Lighthouse	スマート ビル	2010	シリコンバレー	商業用不動産ポートフォリオ向けの Energy Savings-as-a-Service ソリューションの提供		G100
Verdigris Technologies	スマート ビル	2010	シリコンバレー	ビルや病院、ホテルなどにハードウェアセンサーとエネルギー管理プラットフォームの提供		
BlocPower	スマート ホーム	2014	NY	多世帯住宅の冷暖房改修のためのデータ活用サービスと融資サービスの提供		G100
Aeroseal	スマート ホーム	1993	オハイオ州	住宅や商業ビル内の集中冷暖房や換気ダクトを密閉するプロセスの提供		G100
EnVerid Systems	スマート ビル	2010	ボストン	HVAC（暖房、換気、空調）システムのための省エネ空気強化ソリューションの提供	○	
Aquicore	スマート ビル	2013	ワシントン D.C.	ビルの電力、ガス、水の全消費データを一元的に分析できるリアルタイム・エネルギー管理ソリューションの提供		
Comfy	スマート ビル	2013	シリコンバレー	ワークプレイスにおけるエネルギー利用の最適化のための分析ソリューションの提供		G100
Zen Ecosystems	スマート ホーム	2013	LA	電気料金メニューやデマンドレスポンスイベントに合わせて冷暖房を最適化するスマートサーモスタットの提供		
Sealed	スマート ホーム	2012	NY	住宅の電化および空調等のエネルギー効率化ソリューションの提供		
SPAN	スマート ホーム	2018	シリコンバレー	家庭の分電盤をスマート化したスマートパネルの開発		G100
cove.tool	スマート ホーム	2017	ジョージア州	建築技術・建設（AEC）による最適化を可能にする建物性能の自動化ソリューションの提供		G100
Turntide Technologies	スマート ビル	2013	シリコンバレー	【ユニコーン】スマート電気モーターシステムの提供	○	G100

（注）BEV：Breakthrough Energy Ventures の投資先　CG：Cleatech Group の選出企業
［凡例］G100：Global100
出所：各社 HP より AAKEL 作成

Earth Fund を始め、マイクロソフト Climate Fund、Salesforce Ventures、ゴールドマン・サックス、Andreessen Horowitz 等の世界的な有名な投資家からの出資を得ている。

⑤ Turntide Technologies[19]（シリコンバレー　2013年設立　シリーズC）

　ユニコーン企業。ソフトウェアで駆動するスマートモーターを開発している。内蔵センサーを通してソフトウェアでモーターの周波数と電圧を調整し、モーターの速度とトルクを変更。高度なパワーエレクトロニクスを使用。ソフトウェアで制御することにより、正確な動作を可能にし、エネルギー使用の最適利用を実現する。建物の室温に合わせ、スマートモーターはモーターの回転数を調整し、空調の出力の上げ下げを行うことによって、無駄のないエネルギー利用を可能とする。レアアースを使わないタイプのモーターを使用している。効率性の高さから投資回収も容易。2021 年の The most innovative company in Energy に選出。同年 Cleantech Group の Global Cleantech 100 にも選出。アマゾンが創設した気候変動対策支援基金の Amazon Climate Pledge Fund からの支援に加え、BEV、BMW 社からの出資を受ける。

4-4 ｜ モビリティ

モビリティの概要

　自動車やバイク、飛行機、船等の輸送部門から排出される CO_2 の 15%~20% 削減に向けて、乗り物の電動化や水素化、それらの充電・充填インフラのソリューションを開発。

市場規模（EV市場）[20]

　1 兆 3182 億ドル　2028 年
　CAGR 24.3%　2837 億 6000 万ドル　2021 年

解決しようとしている課題

　輸送部門のカーボンニュートラルに向けては、現在主に燃料として使われてい

---

19 Turntide Technologies HP　https://turntide.com
20 https://www.fortunebusinessinsights.com/industry-reports/electric-vehicle-market-101678

るガソリンや重油、ジェット燃料から、他の CO_2 を排出しないエネルギーに転換しなければならない。コスト的な観点から最も現実的なのが、再生可能エネルギーで作られた電気への転換である。ただし、移動する乗り物に電気を常時給電し続けることは難しいため、蓄電池を乗り物に乗せなくてはならない。そのため、石油ベースの燃料で動いている時よりも乗り物の重量はかなり増加せざるをえず、大型の乗り物である長距離バスや大型トラック、船舶や飛行機などには適さない。例えば、飛行機を電気で同じように飛ばそうとすると、ジェット燃料と比較して 35 倍の重さの電池を積まなければならない[21]。電池の性能はまだまだ上がるが、この重さの差を解消できるとは考えにくい。そうした大型の乗り物に対する代替手段は水素、もしくはバイオ燃料と考えられている。

　また、電気で動く乗り物については、その充電時間の長さと場所が課題となる。充電時間の長さに対する解決の方向性は2つ。1つ目は充電の高速化。2つ目は交換式電池の利用である。充電の高速化は大手メーカーも交えて鎬を削っている。交換式については、欧米でも取り組むスタートアップはいるものの、中国が非常に積極的で頭一つ抜けている状況にある。

現在のトレンド
◎自動車

　EV 車の完成車メーカーである OEM（Original Equipment Manufacturer）についてはこれからも東南アジアやインド等で多少は新規に出てくるかもしれないが、この数年で有名スタートアップの多くが IPO やユニコーン化し、登場人物が大凡固まってきたような状態にある。EV の OEM のスタートアップの中心は米国と中国となった。米国はテスラに続き、アマゾンが大きく出資をしている Rivian 社や、Lucid Motors 社、Fisker 社、EV バスの Proterra 社、燃料電池車の Nikola 社などが相次いで SPAC 上場を果たした。中国も BYD 社に続き、中国版テスラと呼ばれた NIO 社、Li Auto 社、XPeng Motors 社の新興3大 EV メーカーが上場し高い時価総額となり、それ以外にも 2022 年9月に香港市場で IPO を果たした Leapmotor 社や、ユニコーンの Hozon 社なども控えている。両国の既存 OEM 各社も EV 化に積極的であり、今後は既存 OEM と新興 OEM の生き残りをかけた激しい競争が進み、淘汰や M&A が進んでいくものと考えられる。（**図表 4-4-1**）

---

21 Bill Gates「How to Avoid a Climate Disaster」

　EV 車の OEM の動きの一方、ものづくりの水平分業が進展している。ソニーの車づくりの考え方や、発表はしていないものの噂が絶えない Apple 社の EV は水平分業が前提である。iPhone の製造を担う台湾の鴻海精密工業は、EV の基本構造のオープンプラットフォーム「MIH（Mobility In Harmony）」を作り、世界中のサプライヤー（部品メーカー）や IT 企業との連携を進めている。車載電池では中国の CATL 社や BYD 社、シャシーではドイツの Bosch 社、モーターでは日本電産などのサプライヤーが存在感を強めている中、スタートアップも多く登場している。車載電池ではスウェーデンの Northvolt 社や、中国の SVOLT 社、EV 用モーターの英国の YASA 社（2021 年にメルセデス・ベンツに買収）、ベルギーの Magnax 社等が出てきている。

　EV 充電や EV フリートマネジメント（車両管理）も米国、欧州、中国で多くのスタートアップが成長し、すでに市場全体として成熟期に入りつつある。米国ではこの数年で多くの企業が IPO や M&A により次のステージに上がった。EV 充電ではシリコンバレーの ChargePoint 社や LA の EVgo 社、マイアミの Blink Charging 社が上場し、ChargePoint 社は一時期 50 億ドルを超える時価総額まで成長している。ショッピングモール等でサイネージを活用した EV 充電サービス

| 図表 4-4-1 | 自動車 OEM の時価総額

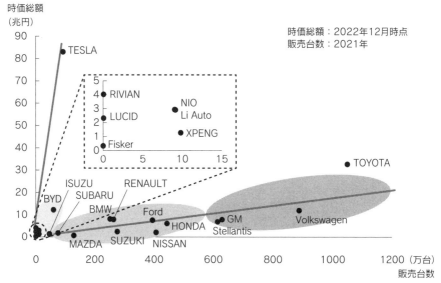

出所：各社株価より AAKEL 作成

を提供しているシリコンバレーのVolta Charging社もSPAC上場を果たした。シリコンバレーで注目されていたGreenlots社はオイルメジャーのシェルに、eMotorwerks社はイタリア大手エネルギー企業のEnel社にそれぞれ買収された。EVフリートマネジメントも東京ガス等も出資をしていたシリコンバレーのElectriphi社は自動車大手のFord社に買収され、三井物産が出資をしていたLAのEV Connect社もSchneider Electric社に買収された。欧州でもEV充電のスペインのWallbox Chargers社、オランダのFastned社、英国のPod Point社などがIPOを実現した。中国ではEV充電のTELD New Energy社が2021年にユニコーンとなっている他、フリートマネジメントを手掛けるDST（地上鉄）社などもよく知られている。(図表4-4-2)

◎自動車以外の新しい乗り物

　乗り物の電動化は身近な移動の分野でも進んでおり、自動車よりコンパクトで小回りが利き、環境性能に優れ、地域の手軽な移動の足となる1人〜2人乗り程度の車両であるマイクロモビリティの普及が加速している。アジアや欧州では、ユニコーンも複数登場しており、電動スクーターのインドのOla Electric社、キックボードやスクーターのドイツのTIER Mobility社、キックボードのスウェーデンのVoi Technology社がここ数年でユニコーンの仲間入りを果たした。キックボードについては2010年代後半に米国のLime社やBird社が流行に火をつけ世界中に広まり、すでに成熟した市場になりつつある。現在は電動バイクの普及拡大が進んでおり、2022年4月にナスダックでIPOを果たした電動スクーターとその電池流通のGogoro社を始め、インドのAther Energy社やスウェーデンの電動オフロードバイクのCake社など多くの新興企業が市場拡大を図っている。

　2040年から2050年の普及に向けたテクノロジーと考えるのが妥当だが、飛行機の電動化も進んでいる。飛行機の電動化であるeVTOL（electric Vertical Take Off and Landing：電動垂直離着陸）については、2021年にシリコンバレーのNFT社が「ASKA」という空飛ぶ車の事前予約受付（2026年の発売を目指す）を発表して話題となったが、既にSPAC上場を果たした企業やユニコーン企業も複数出ており、盛り上がっている。SPAC上場を果たした企業としてUber社の空飛ぶタクシーの研究開発部門を買収したシリコンバレーのJoby Aviation社やArcher Aviation社、ドイツのLilium社が挙げられる。ユニコーン企業としてはバーモントのBeta Technologies社や、ドイツのVolocopter社がある。この分野は大手企業も開発を進めており、米国のBoeing社や本田技研工業などが力を入

| 図表 4-4-2 | EV・EV 充電関連の注目企業一覧

上場企業

企業名	分野	設立年度	本社所在地	上場市場	会社概要	BEV	CG
Tesla	EV	2003	オースティン	ナスダック	EV、蓄電池、太陽光、VPP システムの製造		G100
Rivian	EV	2009	ミシガン州	ナスダック	電動ピックアップトラックの製造		
Lucid Motors	EV	2007	シリコンバレー	ナスダック	EV の製造		
Fisker	EV	2007	LA	ニューヨーク	EV の製造		G100
Proterra	EV	2004	シリコンバレー	ナスダック	ゼロエミッションの大型 EV バスなどの製造		G100
Nikola Motor Company	EV	2015	アリゾナ州	ナスダック	水素トラックの製造		
NIO	EV	2014	中国	ニューヨーク	スマートでコネクテッドな高級 EV の開発・製造・販売		G100
Lixiang Automotive	EV	2015	中国	ナスダック	EV の製造		
Xpeng Motors	EV	2014	中国	ニューヨーク	EV の製造		A25
Leapmotor	EV	2015	中国	香港	低価格帯の EV の製造		
ChargePoint	EV 充電	2007	シリコンバレー	ニューヨーク	EV 充電ネットワークサービスの提供		G100
EVgo	EV 充電	2010	ヒューストン	ナスダック	EV 充電ネットワークサービスの提供		G100
Blink Charging	EV 充電	2009	マイアミ	ナスダック	EV 充電ネットワークサービスの提供		
Volta Charging	EV 充電	2010	シリコンバレー	ニューヨーク	デジタルサイネージを活用した、無料 EV 充電ソリューションの提供		G100
Wallbox	EV 充電	2015	スペイン	ニューヨーク	EV 充電ネットワークサービスの提供		
Fastned	EV 充電	2012	オランダ	アムステルダム	100%再生可能エネルギーの EV 充電ソリューションの提供		

注：BEV：Breakthrough Energy Ventures の投資先　　CG：Cleatech Group の選出企業
［凡例］G100：Global100　　A25：APAC25
出所：各社 HP より AAKEL 作成

スタートアップ・レイターステージ

企業名	分野	設立年度	本社所在地	上場市場	会社概要	BEV	CG
Ample	EV 充電	2014	シリコンバレー		自律型ロボットとスマートバッテリーを用いた、バッテリー交換ステーションの提供		G100
SUN Mobility	EV 充電	2017	インド		交換可能なバッテリーとバッテリー交換ステーションの提供		G100/A25
Hozon Automobile	EV	2014	中国		EV の製造		
DST	EV 充電	2015	中国		法人向けに EV リースと EV 充電、車両管理ソリューションの提供		G100/A25
FreeWire Technologies	EV 充電	2014	シリコンバレー		バッテリーを統合した EV 充電およびエネルギーサービスの提供		G100

スタートアップ・アーリーステージ

企業名	分野	設立年度	本社所在地	上場市場	会社概要	BEV	CG
Magnax	EV	2015	ベルギー		ヨークレス軸流電気モーターの製造		
Highland Electric Fleets	EV	2018	ボストン		中型・大型車両を電動化するためのターンキー・ソリューションの提供		G100
TELD New Energy	EV 充電	2014	中国		【ユニコーン】EV 充電・管理ソリューションの提供		
ev.energy	EV 充電	2018	英国		電気自動車の充電を最適化する AI 搭載のプラットフォームの提供		G100
Keyou	EV	2015	ドイツ		従来のエンジンを水素燃焼エンジンに変換するモジュラーアプローチの製造		
Wirelane	EV 充電	2016	ドイツ		充電技術、デジタル管理、請求プラットフォームなど EV 充電ソリューションの提供		G100

れている。なお、飛行機については前述の通り、その重量から長距離輸送の電動化は難しく、基本的に短距離輸送を目指した「空飛ぶタクシー」の開発が中心である。(図表 4 - 4 - 3)

　水素に関する乗り物については、第 6 章の「水素」の章で解説する。

モビリティ分野の注目企業

① DST[22]（地上鉄）（中国　2015年設立　シリーズD）

　中国・東南アジアにて EV リースや EV 車両充電管理サービスを提供し、都市の物流を電化する「グリーンスマート」車の普及拡大を目指す。宅配便大手物流企業にリースや販売を行い、既に中国全土で 5 万台以上の商用 EV を保有し、充電ネットワークの充実も図っている。デジタルプラットフォームの構築に力を入れており、EV メーカーや部品メーカー、物流企業、ドライバー、保険業等の周辺サービス企業をつないでいる。2021 年に蓄電池大手の CATL 社と提携。シンガポールの公共交通運営大手 SMRT コーポレーション社との戦略的提携を締結し、JV を設立し商用 EV の提供を計画している。

　2021 年より Cleantech Group の Global Cleantech 100 に選出。2022 年 1 月に 2 億ドルのシリーズ D を実施。これまでの投資家にはスウェーデンの IKEA 社の親会社インカ・グループや、伊藤忠商事などがいる。

② Ample[23]（シリコンバレー　2014年　シリーズC）

　電池交換式の EV チャージャーを開発している。EV 充電の時間をガソリン車の給油並みに抑えるために、ロボットにより自動 EV 電池交換ステーションを開発。Uber 社と提携し、シリコンバレーで実証実験しその実用性を確認。Uber 社とは更に欧州展開に向けて提携を強化。また、NY の EV レンタカー企業の Sally 社とも提携を発表し、LA やシカゴも含む米国の主要都市での電池交換ステーションビジネス拡大を目指す。2021 年 6 月、エネオスと日本で EV バッテリー交換サービスを展開すると発表し、共同実証に着手。同年 8 月には 1 億 6000 万ドルのシリーズ C を実施。11 月には欧州への事業拡大資金として大手 PE の Blackstone 社とスペインの金融大手 Banco Santander 社から 5000 万ドルの追加出資を得た。

---

22 DST HP　http://www.dstcar.com
23 Ample HP　https://ample.com

| 図表 4-4-3 | 新しい乗り物関連の注目企業一覧

上場企業

企業名	設立年度	本社所在地	上場市場	会社概要	BEV	CG
Bird Global	2017	マイアミ	ニューヨーク	電動キックボードのレンタルプラットフォームの提供		
Gogoro	2011	台湾	ナスダック	電動スクーターとバッテリー交換用インフラの提供		G100/A25
Joby Aviation	2009	シリコンバレー	ニューヨーク	垂直離着陸（VTOL）航空機の製造		G100
Archer Aviation	2020	シリコンバレー	ニューヨーク	垂直離着陸（VTOL）航空機の製造		
Lilium	2015	ドイツ	ナスダック	持続可能で利用しやすい高速地域交通を実現する航空機を提供		G100

スタートアップ・レイターステージ

企業名	設立年度	本社所在地	上場市場	会社概要	BEV	CG
Tier Mobility	2018	ドイツ		【ユニコーン】電動スクーターのシェアリングプラットフォームの提供		
Rad Power Bikes	2007	シアトル		電動バイクの製造		
Volocopter	2011	ドイツ		【ユニコーン】二次電池の電力だけで飛行する 2 人乗りの eVTOL ヘリコプターの製造		
Ather Energy	2013	インド		スマートコネクテッド電動スクーターの製造		G100/A25
Voi Technology	2018	スウェーデン		電動スクーターのシェアリングプラットフォームの提供		

スタートアップ・アーリーステージ

企業名	設立年度	本社所在地	上場市場	会社概要	BEV	CG
Beta Technologies	2012	バーモント州		【ユニコーン】eVTOL と航空機充電インフラの製造		
Monarch Tractor	2017	シリコンバレー		電動スマートトラクターの製造		
Cake	2016	スウェーデン		オフロード用電動バイクの製造		
Dance	2020	ドイツ		電動アシスト自転車の定期購入サービスの提供		G100
magniX	2009	シアトル		エンジン航空機の電動化サービスの提供		
Aska（NFT）	2018	シリコンバレー		小型の eVTOL「ASKA」の製造		

注：BEV：Breakthrough Energy Ventures の投資先　　CG：Cleatech Group の選出企業
[凡例] G100：Global100　　A25：APAC25
出所：各社 HP より AAKEL 作成

③ FreeWire Technologies[24]（サンフランシスコ　2014年設立　シリーズD）

　蓄電池一体型の超急速 EV 充電とエネルギーサービスを開発している。蓄電池を積むことにより、低圧での系統接続でも急速充電を実現している。同社の提供する Boost Charger150 は 160kWh のリチウムイオン電池を搭載し、出力 150kW での急速充電が可能。低圧系統での電力供給となるため、送電コスト等の負担が軽くなり、EV 充電のコストが低減される。また、電池により電力のピークカットも可能。米国を中心に展開しているが、オイルメジャーの BP と提携し、英国での展開を進めている。日本でもベルエナジーや ENECHANGE と提携し展開を目指す。2019 年、2020 年と 2021 年に Cleantech Group の Global Cleantech 100 に選出。2022 年 4 月には 1 億 2500 万ドルのシリーズ D を実施。米国金融大手の BlackRock 社や BP 社などが参加。

④ Ather Energy[25]（インド　2013年設立　シリーズE）

　電動スクーターを製造・販売、充電ネットワークを整備している。インド工科大学の同級生 2 人で立ち上げた。「Ather 450 シリーズ」という電動スクーターを販売し、3 年間（もしくは走行距離 3 万 km まで）のバッテリー無制限走行距離保証を提供している。また、「Ather Grid」と呼ばれる高速充電ネットワークを整備し、スマホアプリで充電状況や走行距離、スピードのモニタリングが可能となっている。

　インド国内からの投資が中心で、2022 年 5 月に 1 億 2800 万ドル、10 月に 5000 万ドルの計 1 億 7800 万ドルのシリーズ E を実施。これまで、ユニコーンへの投資数が世界一の米国 VC の Tiger Global Management 社、インド最大の e コマースサイト Flipkart 社の創業者や、インドのバイクメーカー Hero MotoCorp 社等が出資。インドのライドシェア最大手 Ola 社の子会社で、ソフトバンクグループが支援する電動スクーター最大手の Ola Electric 社を追っている。

⑤ Volocopter[26]（ドイツ　2011年設立　シリーズE）

　ユニコーン企業。二次電池の電力だけで飛行する 2 人乗りの eVTOL の開発・販売を行っている。欧州航空安全機関の安全基準の認証を eVTOL の会社として最初に取得。最高時速 110km で、航続距離は 35km の近距離移動の乗り物。シン

---

24 FreeWire Technologies HP　https://freewiretech.com/
25 Ather Energy HP　https://www.atherenergy.com
26 Volocopter HP　https://www.volocopter.com

ガポールで空飛ぶタクシーサービスを行うことを宣言。2021 年 9 月に自動車の
Volvo などを傘下に収める中国 Geely Technology Group 社（吉利科技集団）の子
会社 Aerofugia 社と JV を設立した。都市型のエアモビリティーサービス UAM
（Urban Air Mobility）を中国で行うため、機体 150 機を発注。2022 年 11 月にサ
ウジアラビアのリゾート開発大手 NEOM 社などが参加する 1 億 8200 万ドルのシ
リーズ E を実施。これまでも、日本から NTT や東京センチュリー、JAL が出資
している。

4-5 ｜ カーボンマネジメント

カーボンマネジメントの概要

　企業が自社および自社のサプライチェーンから排出される GHG の把握と管理、
削減に向けたシミュレーションと戦略策定、排出する GHG のオフセットに向け
たソリューションや市場を開発。

市場規模[27]

　137 億ドル　2028 年
　CAGR 6.1%　95 億ドル　2020 年

解決しようとしている課題

　カーボンニュートラルを進める上でまず大事なのは、正しく現状を把握するこ
とである。グローバル全体での GHG 排出量は 510 億トン / 年だが、それが自社
や個人がどの程度排出しているのかを 1 社 1 社、1 人 1 人が把握することによっ
て、はじめて削減の目標と戦略を立てることができる。

　TCFD や CDP 等への対応が進むことにより、この数年でようやく大企業各社
が自社の GHG 排出量を把握するようになってきたが、これを中小企業まで落と
すのは大変な作業となる。GHG 排出量の計算は、国際的な基準となっている
GHG プロトコルに従って算出され、自社の直接排出の Scope1、他社から供給さ
れたエネルギー使用に伴う間接排出の Scope2、それ以外の間接排出の Scope3 に
分けられる[28]。特に Scope3 については、自社のサプライチェーン全体に関わる部

---

27 https://www.vantagemarketresearch.com/industry-report/carbon-footprint-management-market-1090
28 https://ghgprotocol.org

分で、他社の排出量を細かく把握しなければならず、非常に煩雑である。また、事業活動がどれだけ GHG 排出または削減に寄与したかを算定・集計する炭素会計（Carbon Accounting）も進んでおり、これらの業務を行うためのソフトウェアやアウトソーシングサービスが展開され始めている。

　また、自社では削減しきれない GHG 排出量については、他社が削減した GHG 排出量のクレジットを購入することによりオフセットする仕組みの整備が進んでいる。こうした取引の整備により、例えば CO_2 の吸収源となる熱帯雨林を所有している国や地域は、自然保護や森林整備を行うインセンティブを得ることができ、地球全体で排出ゼロにする取り組みが進むこととなる。

現在のトレンド

　GHG プロトコルに従った GHG 排出量の算出と見える化や炭素会計の管理に向けて、2020 年前後から世界中でそれを扱う SaaS プロダクトを提供するスタートアップが数多く登場している。2017 年創業で Y Combinator の W20 に登場した SINAI Technologies 社や 2019 年に創業して既にユニコーン企業になっている Watershed 社、2020 年創業で 1 億ドルを超える調達を実現している Persefoni 社などがよく知られている。他にも英国の Emitwise 社やフランスの Greenly 社、Sweep 社、ドイツの PlanA 社など各国で様々なソリューションが開発されている。スタートアップに少し遅れ、SAP 社やマイクロソフト社、Salesforce 社といった大手ソフトウェア企業も、自社が提供しているプラットフォーム上にカーボンマネジメントの機能をリリースしており、1 つの巨大市場を形成しつつある。今後、これら製品群は準拠する標準の拡大、製品・サービスレベルのより細かいレベルの排出量を管理する LCA（Life Cycle Assessment）といった対応範囲の拡大、各業界固有要件の取り込みによる業界別ソリューションの展開、ERP 等のバックオフィスツールとの連携やエネルギー使用量の把握を目的とした EMS との連携、GHG 排出量の削減に向けた支援機能等を盛り込み拡張していくと考えられる。

　GHG 排出量削減方策としてカーボンオフセットに向けた企業も数多く登場してきている。2016 年創業ながら、4 億ドルの巨額資金支援を Blackstone 社より受け、世界最大級のカーボンクレジットの取引市場を運営しているシリコンバレーの Xpansiv 社のような企業や、衛星データや Lidar により森林の CO_2 吸収量を計測し、それをクレジットとしてマーケットプレイスを運営する Y Combinator 卒業企業である Pachama 社、カーボンオフセットのプロジェクト等の評価を行い、

そのクレジットを取引するマーケットプレイスを運営する、シリコンバレーの有名 VC である Andreessen Horowitz 社より出資を受けている Patch 社などが話題である。(図表 4-5-1)

図表 4-5-1 │ カーボンマネジメント関連の注目企業一覧

スタートアップ・レイターステージ

企業名	設立年度	本社所在地	会社概要	BEV	CG
Xpansiv	2016	シリコンバレー	ESG を含むコモディティやその他のグリーンファイナンス商品のためのグローバルマーケットプレイスの提供		G100

スタートアップ・アーリーステージ

企業名	設立年度	本社所在地	会社概要	BEV	CG
SINAI Technologies	2017	シリコンバレー	企業向けカーボンフットプリント管理・報告プラットフォームの提供		G100
Emitwise	2019	英国	企業向けカーボンフットプリント管理・報告プラットフォームの提供		
Greenly	2019	フランス	支出によるカーボンフットプリントを把握するためのモバイルアプリの提供		
Plan A	2017	ドイツ	企業が緩和行動やオフセット行動を通じて二酸化炭素排出量を計算、監視、削減するためのプラットフォームの提供		
Persefoni	2020	アリゾナ州	企業向けカーボンフットプリント管理・報告プラットフォームの提供		G100
Sweep	2020	フランス	従業員とサプライチェーンのスコープ3 排出量を追跡する企業向け炭素排出量管理プラットフォームの提供		
Pachama	2018	シリコンバレー	衛星と LiDAR を利用した炭素貯留量推定ソリューションとマーケットプレイスの提供	○	G100
Patch	2020	シリコンバレー	炭素排出量とカーボンフットプリントを計算するためのソリューションの提供		
Watershed	2019	シリコンバレー	【ユニコーン】企業向けカーボンフットプリント管理・報告プラットフォームの提供		G100

注：BEV：Breakthrough Energy Ventures の投資先　CG：Cleatech Group の選出企業
[凡例] G100：Global100
出所：各社 HP より AAKEL 作成

カーボンマネジメントの注目企業
① Watershed[29]（シリコンバレー　2019年設立　シリーズB）
　ユニコーン企業。企業向けにカーボン排出量の計測、削減、レポーティングのソフトウェアを提供している。決済プラットフォームのStripe社でカーボンフットプリントの担当だったTaylor Francisによって設立。Taylorは高校時代から気候変動問題に取り組んでおり、米国元副大統領アル・ゴアのClimate Reality Leadership Corpsの当時の最年少メンバーの１人であった。企業のクリーン電力やカーボンクレジット、カーボン削減プロジェクト等の購入および投資ができるマーケットプレイスも運営。TCFD、CDP、SASB、GRIのグローバル標準のレポートに加え、英国のSECRなど各国固有のスタンダードにも準拠。主な顧客にAirbnb社, sweetgreen社, DoorDash社, Warby Parker社, Twitter社, Shopify社等のスタートアップ界の有名企業が並ぶ。2022年のCleantech GroupのGlobal Cleantech 100に選出。2022年2月にシリコンバレーの有名VCのSequoia社とKleiner Perkins社から7000万ドルの大型調達を実施。

② Pachama[30]（シリコンバレー　2018年設立　シリーズB）
　南米アマゾンの森林保護にて吸収されたCO_2を計測すると同時に、カーボンクレジットのマーケットプレイスを運営している。衛星画像とLidarのデータを機械学習することで、従来の方法よりも精度の高いCO_2吸収の予測精度を実現。提供するデジタルプラットフォームによって、森林のカーボンの測定、分析、報告、検証の方法を自動化・標準化し、客観性と透明性を持った、カーボンクレジットの発行を行っている。利用企業としてソフトバンク、マイクロソフト、Shopify社、アマゾンといった大手が顔を並べる。有名アクセラレーターのY Combinatorの出身企業。2021年にFast CompanyのThe most innovative company in AIで1位を獲得。2022年のCleantech GroupのGlobal Cleantech 100に選出。2022年5月に5500万ドルのシリーズBを実施。これまでBEV、アマゾンのClimate Pledge Fund、Y Combinator社の他、Patagonia社 元CEOのRose MarcarioやUber社 元CEOのRyan Gravesなどが出資。

---

29 Watershed HP　https://watershedclimate.com
30 Pachama HP　https://pachama.com

③ XPANSIV[31]（シリコンバレー　2016年 設立　シリーズD）

　カーボン、再生可能エネルギー、エネルギー商品を売買するためのマーケット
プレイスとデータプラットフォームを提供している。ESGの目標を達成しようと
する企業がエネルギー、炭素、水等の商品を取引することが可能。世界最大のカ
ーボンクレジット市場であるCBL（カーボンクレジット、再生可能エネルギーク
レジットのREC、天然ガスを含むESG商品のスポット市場）、H2OX（水のスポ
ット市場）、ACE（飛行機のカーボン市場）、XSignals（1日の終値および過去の
市場データを提供する機能）などを提供。

　2021年よりCleantech GroupのGlobal Cleantech 100に選出。2022年7月に
米国金融大手のBlackstone社による4億ドルの超大型シリーズDを実施。オイ
ルメジャーのBPは2019年1月のシリーズAに参加。

---

31 XPANSIV HP　https://xpansiv.com/

We Drive Solar
オランダのイノベーション

　"We Drive Solar" うさぎの「ミッフィー」で有名なオランダ・ユトレヒト市に太陽光 100％の EV カーシェアリングを提供するサービスがあるとアクセンチュア時代の同僚のオランダ人から聞いたのは、2017 年秋のことであった。今では似たようなサービスを各地で見られるようになってきたが、この We Drive Solarという名のサービスは 2016 年から始まっており、当時はとても先進的であった。このサービスはユトレヒトでインターネット事業を営んでいた LomboXnet 社が立ち上げたサービスで、初めは太陽光 100％の EV カーシェアリングだけであったが、今ではユトレヒト市との深い関係を活用し、充電スタンドビジネスまで展開している。現在、カーシェアリングのサービスは、月に乗る回数の上限と利用車種によって月額 99 ユーロから 339 ユーロでサービスを提供しており、車種にはテスラ Model3 も含まれている。充電スタンド数や、契約メニューの拡大を見ると、サービス開始から 6 年を経過した今、順調にビジネスを拡大しているように見える。

　オランダにはこうしたイノベーティブなビジネスやプロジェクトが以前から数多く見られる。特に、サステナビリティに対する意識が非常に高いことから、カーボンニュートラル周辺ではその傾向が強いように感じる。私がカーボンニュートラル関連でその取り組みに初めて接したのは 2008 年のことであった。2006 年からアムステルダム市と現地のエネルギー企業である Alliander 社によって始まったスマートシティのプロジェクトをアクセンチュアが受注し、その視察に多くの日本企業を連れて訪問した。そのタイミングで既に EV に関する優遇や、スマートメーターの設置、港湾の電動化、HEMS や BEMS に取り組んでおり、デジタルも積極的に活用しようと試みていたことをよく覚えている。その流れはリーマン・ショック等でも火が消えることなく継続し、例えば 2017 年に訪問した際には、オランダの空の玄関口であるスキポール空港のタクシー乗り場はテスラだらけであった。これは空港が EV に対して優先的に乗り入れ免許を与えたことと、タクシー組合が組合としてテスラを廉価で大量購入することで実現したもので、1 つの観光資源として発展した。私も初めてテスラに乗車したのはスキポール空港のタクシーであった。また、この 10 年でオランダ北部には多くの風力発電が建設され、2017 年にはオランダ旧国鉄の Nederlandse Spoorwegen（NS）社が

オランダのアグリポート

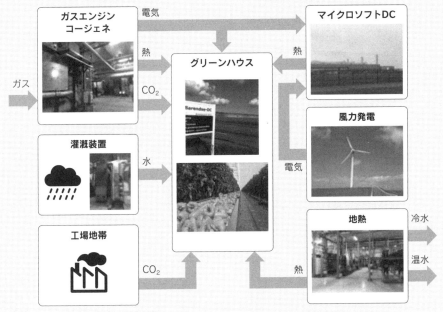

出所：http://www.bezoekagriport.nl/

風力発電による電気100％での運行を始めた。そうした環境整備の結果、クライメートテックのスタートアップも数多く登場し、2021年のCleantech Global 100に、人口1800万人に満たないオランダから5社も選出されるほど存在感を示している。

　オランダは農業大国としてもよく知られており、そこでも多くのイノベーションを目にする。2017年にアムステルダムの北側、スキポール空港から車で1時間くらいのところにあるA7というパプリカやトマトを生産するアグリポート（グリーンハウス）を訪問した。オランダは天然ガスが豊富で国中にガスのパイプラインが敷き詰められており、そのアグリポートも熱と電力をガスのコージェネを使って供給していた。それだけだと単なる農園だが、そこからの工夫に感動した。コージェネで出てきたCO_2はトリジェネとして食物に吸収させカーボンフリーを実現。加えて、近隣の工業地帯で排出されたCO_2をパイプラインで輸送し、カーボンネガティブを達成。近くにあるマイクロソフトのデータセンターにそのカーボンフリーの電力を供給し、データセンターから排出される熱を、アグリポートに戻す。熱はそれ以外に地中熱も活用。水も濾過して再利用する仕組みを取り入れ、地域全体のカーボンニュートラルの実現に向けて取り組んでいた。これはスタートアップの事例ではないが、こうしてサステナビリティに取り組む姿勢がカルチャーとして存在し、そこからイノベーションが生まれるということを大いに感じた。

　ちなみに、日本の九州は面積や人口、経済規模でかつてはオランダと比較されることが多かった。しかしこの10年ほどで経済規模も人口規模も大きく差をつけられてしまい、比較対象とならなくなってしまった。このようなイノベーションに対する姿勢が両者を大きく分けたと考えられる。

第5章

2040年を目指した
テクノロジー

5-1 廃棄物管理

廃棄物管理の概要

　プラスチックやレアメタル等の素材について、新たな資源開発から出る GHG 排出量を抑制するために、廃棄物の選別から処理、加工、リサイクルまでの技術開発や仕組みを開発。

市場規模[1]

　6675 億ドル　2030 年

　CAGR 5.1%　4216 億ドル　2021 年

解決しようとしている課題

　我々の会社では四半期に1度程度の頻度で、会社近くの海でビーチクリーンを行っている。ゴミの多い海でも、1時間程度の清掃活動でパッと見はだいぶ綺麗になる。しかしながら、砂浜に残る小さなプラスチック片はどうしても取りきれない。ザルを持ってきて砂と振り分けようとするが、貝や木片と区別がつかなくなり、そう簡単には分けられない。また、拾えるものの小さくて取りづらいのが、タバコの包装紙やストローである。海洋ゴミの問題についてはウミガメやクジラの衝撃的な写真によってその被害が語られるが、ビーチクリーンを行うとよく理解できる。海に漂う多くのゴミは石油から製造される製品である。そして、それらの石油製品は、こうした海洋汚染の問題だけでなく、その製造過程で多くの GHG も排出している。素材を製造するためには資源開発に始まり、輸送、製造とあらゆる工程で大量の GHG を排出する。プラスチックであれば、石油を採掘す

1　https://www.reportlinker.com/p06291296/Waste-Management-Market-by-Waste-Type-by-Service-Global-Opportunity-Analysis-and-Industry-Forecast.html

る際に地中に埋蔵されていた大量のメタンが漏洩し、生産時に随伴するガスを焼却処理する際には大量のCO_2を排出する。そして重油のタンカーとガソリンの大型トラックによって輸送され、石油を精製、クラッキング、重合しプラスチックを製造、そしてプラスチックを製品に転換する際に大量のエネルギーを使用する。また、プラスチックが廃棄されると、焼却によって大量のCO_2を排出する。加えて、適切に処理をされないプラスチックは前述のように、海洋汚染やマイクロプラスチックによる生物多様性に対する深刻な影響を生む。そうした影響を削減するために、一度製造されたプラスチックを回収し、リサイクルする仕組みを構築することが求められる。その他の資源についても同様で、あらゆる素材はそのサプライチェーンの中で自然を破壊し、大量のGHGを排出することになる。そうした素材について適切な資源循環の仕組みを作ることにより、破壊的な行為をできるだけ減らさなければならないのである[2]。

現在のトレンド

　廃棄物管理の主なプロセスは「回収」「選別・粉砕」「洗浄」「加工」となり、それぞれのプロセスにおいて、イノベーションが進んでいる。また、管理される廃棄物の種類も多様化しており、プラスチック、繊維、金属・レアメタルといった素材に注目したスタートアップが出てきている。

　廃棄物管理のプロセス全体を仕組み化しているのが米国ニュージャージーのTerraCycle社である。2001年創業のTerraCycle社はゴミを焼却したり埋め立てたりしないための仕組みを作り、廃棄物の回収から再利用に至るまでのリサイクルプログラムを世界中で提供している。また、2019年のダボス会議で立ち上げたLoopと呼ぶ仕組みは食品や化粧品、一般消費財向けにリサイクル可能な容器を提供、回収する仕組みの管理を行っている。米国に加え、英国、フランス、日本で展開しており、日本では流通大手のイオンの店舗でLoopに賛同しているエステーやアース製薬、P&G等のメーカーの商品の販売と容器の回収が行われている。

　サプライチェーン全体の廃棄物のトレーサビリティを管理するソフトウェアサービスを提供しているのが、英国で2017年に創業のCirculor社である。EVバッテリー、資源開発、プラスチック、建設等の資材に関するトレーサビリティ管理を行い、それらの製品や素材の規制遵守、人権侵害排除に向けた管理の支援を

2　参照：ナショナル ジオグラフィック別冊『脱プラスチック　データで見る課題と解決策』

行っている。

　廃棄物回収では、2022 年 8 月に SPAC 上場を果たしたアトランタの Rubicon Global 社が、オンデマンドで廃棄物回収を行うためのソフトウェアと仕組みを提供しており、環境系企業への投資に積極的なレオナルド・ディカプリオから出資を受けるなど、注目を集めている。

　廃棄物の選別の分野は、AI による画像認識の発展により、近年大きくイノベーションが進んでいる分野である。米国コロラド州にある AMP Robotics 社はディープラーニングとロボティクスのテクノロジーを用いて、廃棄物を自動仕分けする仕組みを提供している。同じく AI を活用しているのが、米国インディアナ州で 2020 年に創業した Sortera Alloys 社である。金属スクラップの自立選別テクノロジーにより選別された金属廃棄物から高品質な金属合金を生産。100 ％リサイクル金属の製造を目指している。

　廃棄物の洗浄から加工まではケミカルリサイクルによるイノベーションが進んでいる。2011 年に創業し、2013 年にフランスで IPO を果たしている Carbios 社は酵素を利用してプラスチックを構成するポリマーの長鎖を分解する技術によって、プラスチックのリサイクルサービスを提供している。カナダの 2010 年創業の Greenmantra Technologies 社は、ポリスチレンの熱触媒解重合に関する独自の触媒技術により、廃棄プラスチックから合成ワックスやポリマー添加剤を製造して販売している。日本の JEPLAN（旧名：日本環境設計）は BRING Technology と呼ぶ独自のケミカルリサイクル技術により、メカニカルリサイクルでは難しかった異物や汚れを取り除くことを可能とし、ペットボトルや服の水平リサイクルを実現している。

　ファッションの分野でも、アウトドア製品のパタゴニアをはじめとして、リサイクル製品の提供が進んでおり、そうした企業を支援するリサイクル企業も増えている。米国バージニア州で 2011 年創業の Circ Earth 社は綿、ポリエステル、ポリコットン、非木材繊維等のクローズドループ繊維リサイクリング技術を開発し、リサイクル素材を提供している。ユニークなところとしては、2006 年英国創業の ELeather 社のように皮革産業から排出される皮革廃棄物から、エンジニアリングレザー素材を提供するような企業もある。

　現在、多くのスタートアップが出てきているもう 1 つの分野がバッテリーリサイクルである。EU バッテリー規制案が合意されたことを皮切りに、各地でバッテリーのレアメタルに対する再利用率の規制強化の議論が始まり、規制対象となるリチウム、ニッケル、コバルト等のリサイクル技術開発競争が起こっている。

2017 年カナダ創業で 2021 年 8 月に SPAC 上場を果たした Li-Cycle 社は回収したリチウムイオンバッテリーから構成材料を回収し、再度サプライチェーンに載せるサービスを提供している。同時期 2017 年にシリコンバレーで創業した、すでにユニコーン企業となっている Redwood Materials 社は回収したバッテリーや電子製品から抽出したレアメタルから、バッテリーの材料を製造している。2015 年にマサチューセッツ州で創業した ASCEND ELEMENTS 社は、独自の直接前駆体合成技術により、EV の使用済みリチウムイオンバッテリーのリサイクルを提供している。(図表 5-1-1)

廃棄物管理の注目企業
① AMP Robotics[3]（コロラド　2015年設立　シリーズC）
　ディープラーニングとロボティクス技術を活用して、リサイクル施設の自動仕分け機能を開発。リサイクル施設においてディープラーニングによる画像認識で廃棄物を認識、選別し、ロボットがピックアップ、処理を行う。プラスチック、紙、金属、建材、電子部品、生ゴミ向けにそれぞれ専用の自動仕分け機能を開発。すでに欧州全域と日本市場に展開。日本では 2019 年に廃棄物管理技術のリョーシンと建設・解体市場での資材回収のための AI 駆動型産業ロボットの製造・販売で提携。2020 年から 3 年連続で Cleantech Group の Global Cleantech 100 に選出。また、2020 年 Fast Company の The 10 most innovative robotics companies に選出。2022 年 11 月に 9100 万ドルのシリーズ C を実施。これまでの投資家にはシリーズ A をリードしたセコイア・キャピタルや、グーグル系の Sidewalk Infrastructure Partners などがいる。

② Circulor[4]（英国　2017年設立　シリーズB）
　E-waste やプラスチックなど、産業界のサプライチェーンにおける材料のトレーサビリティソフトウェアを提供。EU では 2023 年早期に新しいバッテリー規則の施行が見込まれ、EV バッテリーの搭載時には「バッテリーパスポート」が必要となるため、その取得のための企業サポートも主力事業の 1 つに据える。2022 年 6 月にサプライチェーンマネジメントのリーディングカンパニーである Tsetinis と業務提携し、EU の新バッテリー規則に向けた事業で協力することを発表。

3　AMP Robotics HP　https://www.amprobotics.com
4　Circulor HP　https://www.circulor.com

2022 年に Cleantech Group の Global Cleantech 100 に選出。2022 年 6 月に Westly Group など 9 社による 2500 万ドルのシリーズ B を実施。

③ Sortera Alloys[5]（インディアナ州　2020年設立　シリーズB）

AI を活用したスクラップ自律選別技術でリサイクルを最適化するサービスを提供。現在米国で発生している約 2500 万トンの金属くずは海外に運ばれ手作業で分別されたのちに金属部品になっており、その資源流出の解決のため、特許取得済みの AI を活用して米国内での安価で高品質な金属合金を生産。100％リサイクル金属を実現することを目標に掲げる。2022 年 7 月にアルミニウム製造をリードする Novelis と提携することを発表。2022 年 7 月にブレークスルー・エナジー・ベンチャーズ（BEV）など 3 社による 1000 万ドルの Growth Equity を実施。

④ Redwood Materials[6]（シリコンバレー　2017年設立　シリーズC）

ユニコーン企業。材料のリサイクル、再製造、再利用のための技術提供。米国内のリサイクルバッテリーから負極と正極の材料を大量生産し、米国電池メーカーに供給することで材料不足や材料移動の長さを解決する。10 年後には、5 倍に増加する世界のリチウム電池需要を支えるためにバッテリーのサプライチェーン整備を急ぐ。2022 年 6 月には、北米トヨタ（TMNA）と共同で EV バッテリーのエコシステムを構築することを発表。

2021 年 9 月にフォードと 5000 万ドルの Growth Equity により、業務提携。また、これと並行してボルボとも業務提携。これまでに BEV 等が投資。

5-2 水・排水管理

水・排水管理の概要

気候変動による干ばつや洪水の増加に伴う水不足に対し、企業のリスク管理、節水、浄水などのソリューションを開発。

市場規模[7]

522 億ドル　2030 年

5　Sortera Alloys HP　https://sorteraalloys.com
6　Redwood Materials HP　https://www.redwoodmaterials.com
7　https://www.acumenresearchandconsulting.com/water-and-wastewater-treatment-equipment-market

| 図表 5 - 1 - 1 | 廃棄物管理関連の注目企業一覧

上場企業

企業名	設立年度	本社所在地	上場市場	会社概要	BEV	CG
Carbios	2011	フランス	パリ	酵素を利用してプラスチックを構成するポリマーの長鎖を分解する技術によるリサイクルの提供		
Rubicon Global	2008	アトランタ州	NY	オンデマンドで廃棄物回収を行うソフトウェアサービスとリサイクルの提供		
Li-Cycle	2017	カナダ	NY	回収したリチウムイオンバッテリーから構成材料を回収し、再度サプライチェーンに載せるサービスの提供		

スタートアップ・レイターステージ

企業名	設立年度	本社所在地	調達ラウンド	会社概要	BEV	CG
JEPLAN	2007	日本	シリーズ D	BRING Technology と呼ぶ独自のケミカルリサイクル技術による洋服とペットボトル向けリサイクルの提供		
Eleather	2006	英国	シリーズ E	皮革産業から排出される皮革廃棄物をベースにしたエンジニアリングマテリアルの提供		G100

スタートアップ・アーリーステージ

企業名	設立年度	本社所在地	調達ラウンド	会社概要	BEV	CG
Moment Energy	2019	カナダ	Seed	EV バッテリーを、クリーンで安価なエネルギー貯蔵へのリサイクルの提供		
Greenmantra Technologies	2010	カナダ	シリーズ A	ポリスチレンの熱触媒解重合に関する独自の触媒技術を活用した、廃プラを原料とした合成ワックスやポリマー添加剤の製造		
Circ Earth	2011	バージニア州	シリーズ A	綿、ポリエステル、ポリコットン、非木材繊維等のクローズドループ繊維リサイクリング技術	○	
Circ Earth	2011	バージニア州	シリーズ A	綿、ポリエステル、ポリコットン、非木材繊維等のクローズドループ繊維リサイクリング技術	○	
Circulor	2017	イギリス	シリーズ B	電子廃棄物やプラスチックなど、産業界のサプライチェーンにおける材料のトレーサビリティソフトウェアの提供		G100

Sortera Alloys	2020	インディア ナ州	シリーズ B	AIを活用したスクラップ自律選別テクノロジーでリサイクルを最適化するサービスの提供	○	G100
Redwood Materials	2017	シリコンバ レー	シリーズ C	【ユニコーン】　回収したバッテリーや電子製品から抽出したレアメタルによるバッテリーの材料の製造	○	
Ascend Elements	2015	マサチュー セッツ州	シリーズ C	独自の直接前駆体合成技術によるEVの使用済みリチウムイオンバッテリーのリサイクルの提供		
AMP Robotics	2015	コロラド州	シリーズ C	廃棄物選別のAI誘導型ロボットの提供		G100

注：BEV：Breakthrough Energy Ventures の投資先　CG：Cleatech Group の選出企業
［凡例］G100：Global100
出所：各社 HP より AAKEL 作成

CAGR 5.4%　327 億ドル　2021 年

解決しようとしている課題

　水の分野はカーボンニュートラルに直接関係するものではないが、気候変動によって最も影響を受ける分野の 1 つであり、クライメートテックの重要な分野である。かつて水の問題は、発展途上国における衛生面でのリスクに焦点が当てられていたが、近年は気候変動による海面上昇や干ばつ、洪水が増え、大きな水不足を引き起こすリスクの高まりにも焦点が当たるようになっている。国連によると、現在のトレンドの先には 2030 年までに世界の水の入手可能性は 40% 不足することになるという[8]。水不足は企業活動に対し、様々な影響を与える。飲料メーカーや農業は水不足が起これば直接的にその影響を受けるのはいうまでもない。産業分野でも多くの水を使用する。製鉄所や発電所では冷却に大量の水を使い、半導体工場では洗浄等で大量の水を使用する。台湾の半導体大手 TSMC 社が熊本県への進出を決めたが、大きな理由の 1 つが豊富な水資源にあったという。それ以外にも資源採掘におけるクラッキングのための水利用や、データセンターの冷却等、水が重要な産業は意外に多い。気候変動による水不足がそうした産業に対して、深刻なリスクとなると同時に、大量の水利用は CO_2 排出と同様、環境保護や規制強化等の観点からも企業存続において大きなリスクとなる。そうしたリスクへの対応に向け水利用データによるリスク管理、水利用を減らすためのソリューション開発、排水の濾過技術の開発が進んでいる。

現在のトレンド

　水の分野は、近年、水不足のリスクに対応する企業向けのソリューションが数多く登場している。

　企業の水に関するデータを基にしたリスク管理のソリューションとして注目されているのが、Y Combinator 卒業生で 2020 年シリコンバレー創業の Waterplan 社である。各社の水の利用状況をモニタリングし、衛星から取得した地域のデータ等を組み合わせてリスクの見える化を提供しており、多くの投資家を集めている。水処理施設側のデータ管理としては、2017 年カナダ創業の Pani 社は水処理施設の設備稼働状況や処理状況をモニタリングし、AI を活用した非効率設備の特

8　水と衛生に関するファクトシート
　Water Action Decade　https://www.unic.or.jp/news_press/features_backgrounders/27702/

定や予知保全、カーボンニュートラルに対する影響を分析し提供している。

　排水処理について、カーボンニュートラルを意識したテクノロジーの開発も進んでいる。コンテナ式のオンサイト設備を提供しているのが 2010 年カナダ創業の Axine Water Technologies 社と 2015 年ベルギー創業の InOpSys 社である。Axine Water Technologies 社は薬品等から出る有害有機汚染水を電気化学的な手法で処理することにより、化学薬品を使わずに有害物質を除去する技術を開発。それをコンテナ設備にし、企業や自治体に提供している。InOpSys 社は通常は輸送・貯留し焼却される医薬品・化学品製造等からの産業廃水を、化学品の特徴に合わせた処理方法を識別し、オンサイトで処理を行うコンテナ式の処理施設を開発している。

　排水処理の新しい浄水方法を開発しているスタートアップも増えている。シリコンバレーで 2010 年創業の Trevi Systems 社は、順浸透（FO）による濾過技術で産業排水を低エネルギーで処理するプロセスを提供している。また、2016 年 LA 創業の Moleaer 社は空気と水のナノバブルによる酸化力で化学物質を使わずに排水処理を行う技術の開発を行っている。

　その他、水・排水管理の有名スタートアップとしては、浄水の専門家集団を形成し、工場等のプラントの排水の汚染内容に応じ、複数の最新技術を組み合わせた処理施設を構築するサービスを提供している 2013 年シンガポール創業の Gradiant 社や、発電所やデータセンターの冷却塔から出る水蒸気を回収して再利用する技術を開発している、2017 年ボストン創業で MIT 発の Infinite Cooling 社などがある。

　こうした水関連のスタートアップを専門に支援するインキュベーターやアクセラレーターも登場しており、シリコンバレーにある非営利団体の Imagine H2O などが有名である。(図表 5-2-1)

水・排水管理の注目企業
① Waterplan[9]（シリコンバレー　2020年設立　シード）

　水リスクと水回復力（レジリエンス）計画をモニタリングするためのソフトウェアサービスを提供。「企業の水資源リスクを軽減し、水の安全性が確保された世界への移行を加速させること」をミッションとし、変動する水リスクをリアルタイムで計測・報告するプラットフォームを提供。Y Combinator の 2021 年夏の

9　Waterplan HP　https://www.waterplan.com

| 図表 5-2-1 | 水・排水管理関連の注目企業一覧

スタートアップ・レイターステージ

企業名	設立年度	本社所在地	調達ラウンド	会社概要	BEV	CG
Axine Water Technologies	2010	カナダ	シリーズC	薬品等の有害有機汚染水を電気化学的な手法で処理する、化学薬品を使わないオンサイト設備の提供		G100
MoLeaer	2016	LA	シリーズC	化学物質を使わずに空気と水のナノバブルによる酸化力で排水処理を行う技術の開発		G100
Trevi Systems	2010	シリコンバレー	シリーズE	産業廃水を順浸透（FO）による濾過技術で低エネルギーで処理するプロセスの提供		

スタートアップ・アーリーステージ

企業名	設立年度	本社所在地	調達ラウンド	会社概要	BEV	CG
waterplan	2020	シリコンバレー	シード	飲料メーカー等の企業に対し、水の利用状況をモニタリング、リスク管理するソフトウェアの提供		
Pani	2017	カナダ	シード	水処理施設のデータ計測と予知最適化による効率化改善ソフトウェアの提供		G100
InOpSys	2015	ベルギー	シード	産業廃水を再利用可能な状態に処理するオンサイト排水処理ソリューションの提供		G100
Gradient	2013	シンガポール	シード	工場等のプラントの排水の汚染内容に適した技術を組み合わせ処理施設を構築するサービスの提供		G100
Infinite Cooling	2017	ボストン	シリーズA	発電所等の冷却塔から出る水蒸気を回収して再利用する技術の開発		G100

(注) BEV：Breakthrough Energy Ventures の投資先　CG：Cleatech Group の選出企業
[凡例] G100：Global100
出所：各社 HP より AAKEL 作成

卒業生。世界経済フォーラムが組織する、政治、科学、経済などさまざまな分野で活躍している世界中の32歳以下の若者で構成される Global Shaper Community 所属のエンジニアと、水関連のアントレプレナーで医師の2名によって設立された。AWS 社や Meta 社といった IT 企業、ダノンやコカ・コーラといった食品メーカーなど多数企業と協業。2022年4月にレオナルド・ディカプリオやヴァージン社創業のリチャード・ブランソンの娘であるホーリー・ブランソン等による700

万ドルのシードラウンドを実施。

② Pani[10]（カナダ　2017年設立　シード）

　クラウドベースの機械学習エンジンを搭載した水処理施設管理の一元化プラットフォームを提供。処理施設からデータを収集してソフトウェアで実行し、オンラインダッシュボード、電子メール、またはテキストメッセージを通じて、処理施設のオペレーターに分析結果とリコメンデーションを生成。処理施設の担当者は、AI から得られる運用上のインサイトを活用して、工場の水やエネルギーの使用量を改善したり、保守や修理を行う最適なタイミングを予測したりすることができる。創業者はインドで生活していた高校時代に、淡水の供給と需要の間に予想されるギャップについて驚くべき統計を知り、大学でその問題に対する解決策を研究し同社を設立。2022 年と 2023 年に Cleantech Group の Global Cleantech 100 に選出。2021 年 10 月に 800 万ドルのシードラウンドを実施。カナダ政府から低利の長期融資も受ける。

③ Infinite Cooling[11]（ボストン　2017年設立　シリーズA）

　MIT の研究者を中心に創業した MIT 発企業。発電所やデータセンターの冷却等から出る水蒸気を収集するシステムを開発。水蒸気に荷電粒子ビームをあて、水蒸気を帯電させて収集する。帯電した水蒸気は、質の高い蒸留水となり、発電所での再利用に留まらず、飲料水として水道システムに供給することまで可能。DOE が主催する Cleantech University Prize で優勝[12]。MIT のスターアップコンテスト「MIT $100K Launch」でも大賞を受賞し注目を浴びる。2023 年に Cleantech Group の Global Cleantech 100 に選出。2021 年 6 月に 1230 万ドルのシリーズ A を実施。

5-3 | 気象＆地理空間データ分析

気象＆地理空間データ分析の概要

　衛星データや様々な地理空間データから、気候変動の現状の見える化、将来の予測とそれに伴うリスク分析サービスを開発。

---

10 Pani HP　https://www.pani.global
11 Infinite Coolin HP　https://www.infinite-cooling.com
12 https://news.mit.edu/2017/infinite-cooling-wins-cleantech-university-prize-0808

市場規模（地理空間データ分析）[13]

1260億1000万ドル　2028年

CAGR 12.7%　615億ドル　2021年

解決しようとしている課題

　気候変動により、企業や自治体は様々なリスクに晒されることになる。大型の台風、大雨による洪水や土砂崩れ、海面上昇による高潮や浸水被害、山火事等々、自然災害の拡大により、多くの産業が大きな被害を受ける。例えば保険会社は、自然災害の予想以上の頻発により、想定していた保険料率より高い保険料の支払いを行うことになるであろう。大規模な洪水等の災害では、多くの産業が関わるサプライチェーンが分断され、ものづくりがストップしてしまう。海面上昇により土地の価値が下がり、不動産業は大打撃を受ける可能性もある。そのため、国や自治体、企業は今後想定される気候変動のリスクを正しく理解し、あらかじめ被害に適切に備えなければならない。TCFDでもシナリオ分析として、リスクの識別や事業インパクトの評価が求められている。こうしたリスク分析の必要性に対し、衛星や地理データ等を活用して、現状とリスクを正しく把握するためのデータサービスが登場している。

　また、リスク分析の必要性に加え、企業の環境活動の正しさを評価することも重要となってきている。企業等が実態を伴わないのに、あたかも環境に配慮した取り組みをしているように見せる「グリーンウォッシュ」という用語をよく耳にすることからも、企業が提供するデータの信憑性を正しく評価しなければ、間違った取引相手を選び、自社が大きな損害を被るといった事態も発生しかねない。例えば、森林破壊や焼却を行っていないと言っていた取引先が嘘をついていた場合は、自社のサプライチェーンからのCO_2排出量が増えるだけではなく、国際的に大きな非難に晒される。こうしたリスクに対しても、衛星データ等を活用したデータサービスが活躍し始めている。かなり細かい粒度で把握できるようになってきている衛星データを活用して不適切な行為が行われていないかを監視し、保証する等のサービス提供を行うスタートアップが登場している。

現在のトレンド

　近年、取得できるデータの量と質が劇的に向上している。衛星データはその粒

---

13 https://www.fnfresearch.com/geospatial-imagery-analytics-market

度と精度が高まり、写真画像に加えて地表や空気の状態を正しく捉えることができるようになってきている。さらに、IoTの発達により空間や設備の細かいデータも取得できるようになっている。そうしたデータを組み合わせ、AIを活用しながら高度な分析を行うことにより、新しいサービスが次々と生まれている。2017年シリコンバレー創業のJupiter Intelligence社は、ノーベル賞受賞者等の専門家達が構築した独自モデルを活用し、気候変動によるリスク分析のプラットフォームを提供している。海面上昇、気温上昇、台風などのリスクに対し、数時間先から50年先までの気候変動における天候変化の確率を計算し、それらの確率から企業のサイト計画やサプライチェーン計画などのリスクを提示している。イスラエルの空軍出身でMITやハーバードの大学院を卒業しているメンバー達によって2015年にボストンで立ち上げられたTomorrow.io社は、衛星データに加え、IoT、ドローン、ライブカメラ等の独自のリソースから収集した膨大なデータを従来のデータと統合することにより、高精度の気象予報プラットフォームを構築。そのプラットフォームを活用し、企業の特定のインフラや設備を監視し、リスクスコアの提供を行っている。2014年ケニア発で、現在は本社をNYに置くGro Intelligence社は主に農業分野向けに気候変動によるリスク分析データの提供を行う。収穫量や土壌の質から気候要因まで、世界中から食料生産に影響を与えるデータを収集し、農産物の需要と供給、価格設定を予測し、そのデータを農業、金融、国等に提供している。

　GHG排出量を衛星から正確に測定するようなサービスも出てきている。2011年カナダ発のGHGSat社は自ら衛星を打ち上げ、主に石油やガス、石炭の採掘現場から排出されるGHG排出量と濃度の観測、それらの管理プラットフォームを提供している。2013年にグーグル出身者によりシリコンバレーで創業されたOrbital Insight社は、様々な企業が取得した衛星データや空間データを集約しAIで分析することにより、データから得られた価値を提供しており、メーカー等が森林伐採の不正を検知するようなことにも利用されている。ブレークスルー・エナジー・ベンチャーズ（BEV）出資企業で、Y Combinatorの卒業生でもある、2020年コロラド州創業のAlbedo社は、高解像度の衛星データを取得するために低軌道衛星を運用しており、その衛星データを精密農業、林業、送電線山火事防止などの分野で利用することを目指している。(図表5-3-1)

図表 5-3-1 ｜ 気象・衛星データ分析関連の注目企業一覧

スタートアップ・レイターステージ

企業名	設立年度	本社所在地	会社概要	BEV	CG
Jupiter Intelligence	2017	シリコンバレー	独自モデルを活用した気候変動によるリスク分析のプラットフォームの提供		G100
Tomorrow.io	2015	ボストン	高精度の気象予測と気象によるビジネスへの影響を分析するプラットフォームの提供		G100
Orbital Insight	2013	シリコンバレー	収集した様々な衛星データと空間データを AI で解析するデータ分析サービスの提供		G100

スタートアップ・アーリーステージ

企業名	設立年度	本社所在地	会社概要	BEV	CG
Albedo	2020	コロラド州	低軌道衛星による高解像度の衛星データの提供	○	
Gro Intelligence	2014	NY	主に農業、金融、政府向けに農業と気象データおよび分析プラットフォームの提供		G100
GHGSat	2011	カナダ	産業施設から排出される GHG を観測する衛星リモートセンシング技術の提供		G100

(注) BEV：Breakthrough Energy Ventures の投資先　CG：Cleatech Group の選出企業
［凡例］ G100：Global100
出所：各社 HP より AAKEL 作成

気象&地理空間データ分析の注目企業

① Jupiter Intelligence[14]（シリコンバレー　2017年設立　シリーズC）

　気候変動のリスク分析プラットフォームを提供。グーグル出身者達により創業され、世界的なエキスパート達が参画する企業。共同創業者の CEO は世界中のデータサイエンティストがその最適モデルを競い合うプラットフォームである Kaggle（グーグルが買収）の元社長。同じく共同創業者の COO はグーグルの衛星データ分析部門の元リードである。気候変動の分析で有名なプリンストン大学でプリンストン・オーシャン・モデルを開発した Alan Blumberg も共同創業者の一人である。他の共同創業者もパリ協定の米国交渉担当や、ゴールドマン・サックスのチーフデータオフィサー等の有名人ばかりである。加えて、北極圏の気候に関する研究でノーベル賞を受賞した Betsy Weatherhead がサイエンスフェロー

14 Jupiter Intelligence HP　https://jupiterintel.com

であり、それ以外の中心メンバーも各分野の超エキスパートである。そうしたエキスパートが集結し、気候変動リスクの定量化を進めている。同社が提供するClimateScore Globalは海面レベル、高潮、暴風雨の強さ、地表と海面の温度、気圧と降水パターンの変化に関する予測から、水深、風速、気温、旱魃、山火事の確率等を提供している。ClimateScore Planningはそれらの確率を顧客の要望に応じて地図上にマッピングし、リスク管理を支援している。2019年10月にHawaiian Electric社と提携し、ハワイの主要5島にわたる発電、送電、配電インフラに対して気候リスク分析サービスを継続提供することを発表。2020年7月にMS & ADと提携し、日本で自然災害リスク分析を行う「TCFD向け気候変動影響定量評価サービス」の提供を開始。2021年にGlobal Cleantech100に選出。2021年10月に5400万ドルのシリーズCを実施。MS&ADに加え、日本からESG重視型VCのM Power Partners社が参加。同社代表でゴールドマン・サックス元日本副会長のキャシー松井氏は同社の取締役会メンバーに就任。

② Tomorrow.io[15]（ボストン　2015年設立　シリーズD）

　天候がビジネスに与える影響を予測し、業務効率を向上させる天気予報技術を開発。リアルタイムデータとAIによる予測モデルを統合し、高精度の予測を提供する。創業メンバーはイスラエルの元空軍所属のメンバーで、MITやハーバードといったボストンの名門大学の学位を取得している。同社のテクノロジーは衛星データに加え、IoT、ドローン、航空機、セルラー信号、ライブカメラ等といった、独自のリソースから収集した膨大なデータを既存データと統合し、AI解析することにより、より精度の高い天気予報を提供している。顧客にはデルタ航空やユナイテッド航空といった航空会社が多く、加えてAWS社や自動車のFord社、配車サービスのUberや電力会社等が名を連ねている。2020年1月にグーグルと提携し、天候データ収集と気候予報モデルの構築をインドで開始。2021年4月、社名を「Climacell」から「Tomorrow.io」に変更。2021年にGlobal Cleantech100に選出。2021年3月に7700万ドルのシリーズDを実施。2022年初頭にSPAC上場を目指したが、マーケットの状況が悪いことから、IPOを断念している。

---

15 Tomorrow.io HP　https://www.tomorrow.io

③ GHGSat[16] (カナダ　2011年設立　シリーズB)

石油採掘所等の産業施設から排出される GHG を観測する衛星リモートセンシング技術を提供。小型衛星を使用し、他社のシステムより高い解像度で、他の衛星で検出されたものより小さい発生源からのメタン排出を検出できる技術を開発。個々の油井やガス井のような小さな点源からのメタン排出を特定し、定量化することができる。2023 年までに GHG 排出量検出装置を 10 基の衛星と 3 基の航空機センサーに拡大する予定。排出情報の監視、分析、および報告のために設計された排出データ管理ポータルを提供。2022 年と 2023 年の 2 年連続で Global Cleantech100 に選出。2021 年と 2022 年に Fast Company の The 10 Most Innovative Space Company に選出。2021 年 7 月に 4500 万ドルのシリーズ B を実施。Investissement Québec 社を通じてカナダのケベック州からの厚い支援を受けている。

5-4 | アグリ

アグリの概要

世界人口が増え続ける中で、農地開拓のための新たな森林伐採や化学肥料の使用を回避するために、食料生産性を向上させるための栽培方法や土壌改良方法、環境性に優れた肥料を開発。

市場規模 (スマートアグリカルチャー)[17]

433 億 7000 万ドル　2030 年
CAGR 10.2%　181 億 2000 万ドル

解決しようとしている課題

世界の人口は現在約 80 億人であり、増加ペースはやや鈍化するものの、2100 年には約 110 億人になると言われている[18]。これから人口が 35~40％増え、かつ、途上国が豊かになり必要とするカロリー数が増えると、それ以上の割合の GHG を排出することになる。農業による GHG 排出が増加する要因は、農地を増やすために行われる森林伐採と、農地の生産性を上げるための肥料の製造と散布、そ

---

16 GHGSat HP　https://www.ghgsat.com
17 https://www.precedenceresearch.com/smart-agriculture-market
18 https://population.un.org/wpp/

して肥料や収穫した穀物の輸送である。肥料については、その原料となるアンモニアを製造するのに熱が必要となり、その熱を作るために化石燃料が使われる。加えて、肥料に含まれる窒素のうち食物に吸収されないものは、CO_2の約300倍の温室効果を持つ亜酸化窒素となり大気中に放出されるか、河川に流れ込み汚染に繋がることになる[19]。また、これまでの農業は、農地の土を掘り起こし耕していたが、その方法は地中に蓄えられていた炭素を地中に放出してしまっているという。

　そうした増加要因を抑え、現状排出しているGHGを減らすために、GHGを排出しない農業手法の開発が進んでおり、消費地の近くで生産し、森林伐採等の開発も行わない室内農業の開発、人工の肥料ではなく、土の微生物の働きを活性化させるような土壌改良技術の開発、生産性の高い種子の開発、農業の生産性を上げるための管理システムの開発等が進んでいる。

現在のトレンド

　森林伐採の問題、輸送の問題、肥料の問題を同時に解決する方法として室内農業（Indoor Farming）のイノベーションが進んでいる。日本では大手が取り組んでいる印象が強いが、海外ではこの分野で有望なスタートアップが何社も出てきている。シリコンバレーに拠点を置く2013年創業のPlenty社は、垂直農法（Vertical Farming）と呼ぶ、倉庫などの高さを利用して垂直的に農作物を生産する方式の開発を行っているユニコーン企業である。従来の農法と比較して水の使用量を9割以上削減し、農薬や化学肥料を使わず、かつ消費地の近くで生産することで、サプライチェーンから排出されるCO_2も大幅に削減する。室内農業のスタートアップとしては、2014年にニューヨークで創業し、すでにユニコーンとなっているBowery Farming社や、2004年にニュージャージー州で創業したAeroFarms社、ドイツで2013年創業のINFARM社などが有名である。こうした企業はどこもAIやIoT、ロボットなどのテクノロジーを徹底的に利用して、効率化と環境性を高めていることも共通した特徴である。そして、究極系として完全自動化を実現しているのが、グーグル出身者によりシリコンバレーで2012年に創業したIron Ox社である。同社は移動式ロボットと精密な動きを行う固定式ロボットを組み合わせバジル等の葉物野菜を生産している。

　農業の生産性を上げるために農地や農作物に関する数値管理を行い、その数値

---

19 https://ja.wikipedia.org/wiki/ 亜酸化窒素

Plenty 社（筆者撮映）

に基づいた農場運営を行うことを精密農業と言う。2010年にカナダで創業した Semios 社は、精密農業管理システムを提供している。天候、害虫・病害、水等の精密な管理システムを開発し、りんごやぶどうといったフルーツやアーモンド等の生産性向上に寄与している。また、2020年にボストンで創業した Yard Stick PBC 社は、より具体的に土壌の炭素含有量を測定できるサービスを提供しており、BEV からも出資を受けている。

　化学肥料に変わり、微生物を利用した土壌生産性向上を図る企業も注目されており、ユニコーン企業も登場している分野である。この分野は土壌に炭素と窒素を戻すリジェネラティブ農業と呼ばれる。シリコンバレーで2014年に創業した Pivot Bio 社は窒素を生み出す微生物をコーティングした種を開発し、化学肥料を使わずに、劇的に生産性を高めることに成功したユニコーン企業である。微生物を種にコーティングする手法で同じくユニコーンになっている企業として、2013年に創業した MIT 発の Indigo Ag 社がある。他にも、2012年にシリコンバレーで創業した、PPFM と呼ばれるピンク色の微生物を種にコーティングしている Newleaf Symbiotics 社など、多くのスタートアップが登場している。

　ゲノム編集により特定の環境下に強い作物を開発するスタートアップも数多く登場しており、2016年にマサチューセッツ州で創業した Inari 社は、SEEDesign と呼ぶ独自のゲノム編集用プラットフォームを構築し、大豆やトウモロコシの種の開発を行っているユニコーン企業である。2016年に英国で創業した Tropic Bioscience 社は、熱帯に強いバナナやコーヒー、米といった種の開発を行っている。

　他にも、ユニークなテクノロジーを開発する農業関係のスタートアップは数多くあり、自然のペプチドから環境に害を与えない殺虫剤を開発する2005年ミシ

シッピ州創業の Vestaron 社や、受粉を促進するためのミツバチの巣のデータドリブン型管理プラットフォームを開発する 2017 年イスラエル創業の BeeHero 社などが注目されている。（図表 5-4-1）

アグリの注目企業
① Plenty[20]（シリコンバレー　2013年設立　シリーズE）
室内農業を手がけるユニコーン企業。植物工場でケール等の葉物野菜を水耕栽培している。屋内垂直農業技術により、従来の農業の 1% の土地、5% 未満の水利用で生産性を向上する。データ分析や機械学習により照明を最適化するほか、収穫量を改善させる高度なプラットフォームを開発。サンフランシスコ国際空港近くのサウスサンフランシスコに工場を構え、消費地への輸送にかかる負担も抑えている。2020 年に Cleantech Group の Global Cleantech100 に選出。2020 年 10 月のソフトバンク・ビジョン・ファンドがリードのシリーズ D、1 億 4000 万ドルの資金調達に続き、2022 年 1 月にウォルマートやソフトバンク・ビジョン・ファンドも参加する 4 億ドルのシリーズ E を実施。ジェフ・ベゾスも支援を行う。

② Pivot Bio[21]（シリコンバレー　2014年設立　シリーズD）
農業生産性を向上させるための微生物技術を開発するユニコーン企業。従来の合成窒素肥料の代替として、土壌中に自然に存在する微生物を利用し窒素を製造するために、作物の環境に合う微生物をコーティングした種を開発。医療系大学院大学の UC サンフランシスコの博士課程で一緒だった 2 名によって創業。Cleantech Group の Global Cleantech 100 に 2020 年から 3 年連続で選出。2021 年 7 月、BEU やシンガポール政府系ファンドのテマセク・ホールディングス等から 4 億 3000 万ドルのシリーズ D を実施。

③ Indigo Ag[22]（ボストン　2013年設立　シリーズF）
作物に合う微生物をコーティングした種を製造するユニコーン企業。mRNA ワクチンのモデルナを立ち上げたライフサイエンス系 VC であるフラッグシップ・パイオニアリングが立ち上げた企業としても知られる。綿花、小麦、トウモロコシ、大豆、米等の収量を向上する。農家が殺虫剤や除草剤を使わずに収穫量を増

20 Plenty HP　https://www.plenty.ag
21 Pivot Bio HP　https://www.pivotbio.com
22 Indigo Ag HP https://www.indigoag.com

図表 5-4-1 | アグリカルチャー関連の注目企業一覧

スタートアップ・レイターステージ

企業名	設立年度	本社所在地	調達ラウンド	会社概要	BEV	CG
Yard Stick PBC	2020	ボストン	シード	土壌の炭素含有量測定サービスの提供	○	
Iron Ox	2012	シリコンバレー	シリーズ C	モジュール型ロボット農機具の製造・プロセスの提供	○	G100
Semios	2010	カナダ	シリーズ C	精密作物管理システムの提供		G100
Tropic Bioscience	2016	イギリス	シリーズ C	ゲノム編集技術による熱帯作物の高性能品種の開発		G100
Infarm	2013	ドイツ	シリーズ D	モジュール式垂直方法型室内農場の開発		G100
Pivot Bio	2014	シリコンバレー	シリーズ D	【ユニコーン】農業の生産性を向上させる微生物を利用した技術の提供	○	G100
Newleaf Symbiotics	2012	シリコンバレー	シリーズ D	植物の健康状態を改善し、初期成長を促進し、作物の収量を増加させる微生物の製造		G100
Plenty	2013	シリコンバレー	シリーズ E	【ユニコーン】デジタルを活用した、垂直農法型室内農場の開発		G100
AeroFarms	2004	NY	シリーズ E	都市型垂直農場で葉物野菜を高密度に栽培するエアロポニックシステムの開発		G100
Inari	2016	ボストン	シリーズ E	【ユニコーン】ゲノム編集による、環境に強い農作物の開発		
Vestaron	2005	ミシシッピ州	シリーズ E	自然由来のペプチドを用いた次世代型生物農薬の製造		G100
Indigo Ag	2013	ボストン	シリーズ F	【ユニコーン】微生物による植物栄養製品および農場サービスの提供		

スタートアップ・アーリーステージ

企業名	設立年度	本社所在地	調達ラウンド	会社概要	BEV	CG
Bowery Farming	2014	NY	シリーズ B	【ユニコーン】デジタルを活用した、垂直農法型室内農場の開発		
BeeHero	2017	イスラエル	シリーズ B	受粉を促進するミツバチの巣管理プラットフォームの提供		G100

注：BEV：Breakthrough Energy Ventures の投資先　CG：Cleatech Group の選出企業
［凡例］G100：Global100
出所：各社 HP より AAKEL 作成

加させるようなソリューションを提供し、植物マイクロバイオームと呼ばれる微生物を活用。農薬等によって減少した土壌中の微生物を元に戻し、農地再生を目指す。衛星から農地の状態や栽培方法をモニタリングし、土壌に吸収された炭素量を測定。その炭素量を第三者認証付きの排出権として買い取りクレジットとして流通する Indigo Carbon という仕組みを提供。ブルーボトルコーヒー、アパレルのノースフェースやラルフローレン、IT プラットフォームの Shopify 社、金融の J.P. モルガンや Barcleys 社などがこの仕組みに参加。2021 年に日本とアジア地域におけるビジネス拡大に向けて住友商事と提携。2020 年 8 月に Flagship Pioneering 社など 3 社による 3 億 6000 万ドルのシリーズ F を実施。モデルナ社の CEO がボードメンバーとして参画。

5-5 フード

フードの概要

　世界人口の増加に伴い、家畜の消費量が増えた結果として起こる、家畜から排出されるメタンの増加、その飼育から消費までに必要なエネルギー利用による CO_2 排出の増加を抑えるために、家畜の代替となる食料やフードロスの削減を実現するためのソリューションを開発。

市場規模（フードテック）[23]

　3425 億 2000 万ドル　2027 年
　CAGR 6.0%　2203 億 2000 万ドル　2019 年

解決しようとしている課題

　食料問題についての最優先課題は貧困による飢餓をなくすことである。そのため、我々がまず実施すべきはこれから 2100 年に向けて 35~40% 増えると予想される世界人口に必要な食料を生産し、正しく供給する仕組みの構築である。それに並行して、食料の生産から消費・廃棄にかかるサプライチェーン全体から排出される GHG 排出量をゼロに近づけることが、気候変動を食い止めるために求められる。生産量は増やすが、GHG 排出量は減らす。そのチャレンジの中で最も難易度が高く、かつ解決のインパクトが大きいのが、家畜の生産を抑えることであ

---

23 https://www.emergenresearch.com/industry-report/food-tech-market

る。特に牛のゲップから出るメタンはCO_2の約28倍の温室効果があり[24]、世界のGHG排出量のなんと4%が牛のゲップによるものであるという[25]。加えて、牛の飼育のために熱帯雨林が切り開かれてしまうことも食い止めなければならない。また、牛の飼育には空調や照明、餌の供給等で大量のエネルギーを使用する。牛だけでなく、その他の家畜も牛ほどではないものの大量のGHGを排出する。

　家畜の増加を直接的に抑えるために進められている、代替物に関するイノベーションは大きく4つに分類される。1つ目は植物由来（Plant Based）の代替肉や乳製品の生産。2つ目は動物の細胞を培養して、ある意味本物の肉を作るという取り組み。3つ目は菌類を発酵させることによりタンパク質を得る取り組み。4つ目はバクテリアに大気中のCO_2と水素を取り込み、単細胞タンパク質を生成する方法である。ハンバーガーのパテのようなものは既に植物由来の代替肉で十分だが、ステーキのような筋が求められるようなものや乳製品を本物に近づけるためにはまだまだ様々な工夫が求められる。

　食料の無駄をなくすためのイノベーションも進んでいる。世界では育てるか加工した食料の3分の1は農場や工場から食卓へたどり着かないと言われており[26]、例えば米国では、米国農務省の発表によると生産される30~40%が廃棄されているという[27]。その結果、世界の食品廃棄物を国として考えると、中国と米国に続く世界第3位のGHG排出国に相当する排出量になる[28]。また、先進国では消費段階での廃棄が多く、発展途上国ではインフラ不足により輸送や保存段階での廃棄が多いという。そうした廃棄を減らすために大きく2つのイノベーションが進んでいる。1つは食料を長持ちさせるためのテクノロジーの開発、もう1つが消費段階で廃棄される可能性のある食料をできるだけ配布するための仕組みの開発である。

　このように食料については、人口増加に比例して特に家畜を増やさないためのイノベーションと、食料の無駄をできるだけ削減するためのイノベーションを組み合わせることにより、GHG排出量を減らしていくのが基本的な流れとなる。

　なお、全体の整理のためにフードと植物のカーボンニュートラルに向けた課題解決のソリューションを**図表5-5-1**に整理した。

24 https://www.ipcc.ch/site/assets/uploads/2018/02/WG1AR5_all_final.pdf
25 https://www.ipcc.ch/assessment-report/ar6/
26 https://ja.wfp.org/stories/kaoeyoujietoshipinrosunokoto
27 https://www.epa.gov/sites/default/files/2019-05/documents/reducingfoodwaste_strategy.pdf
28 出所：ポール・ホーケン著『ドローダウン　地球温暖化を逆転させる100の方法』山と渓谷社

| 図表 5-5-1 | アグリとフードのカーボンニュートラルソリューション

出所：AAKEL 作成

現在のトレンド

　家畜の増加を抑えるためのイノベーションである代替肉の分野はクライメートテックの中でもスタートアップの数が多く、EV 関連と並び近年とても投資額が大きい分野である。

◎植物由来

　植物由来の代替肉の代表格は、57 歳のスタンフォード大学教授が作ったImpossible Foods 社と、ミズーリ大学の研究から生まれた Beyond Meat 社である。両社ともビル・ゲイツが支援をしていたことでも知られている。第 3 章で紹介した通り、Impossible Foods 社はスタンフォードから生まれ、VC の Khosla Ventures 社とビル・ゲイツがその初期の研究を支えた会社である。ヘムと呼ばれるタンパク質中に存在する化合物が肉の風味にとって重要だと発見し、そのヘム

を遺伝子組み換え酵母により製造する技術を開発した。Impossible Foods 社が製造する Impossible Burger と呼ばれるハンバーガーのパテは、大豆と遺伝子組み換え酵母により作られている。現在では多くのハンバーガーショップで使われており、最大手の 1 社であるバーガーキングも採用している。Beyond Meat 社は VCの Kleiner Perkins 社の支援によって拡大した会社である。牛肉の分子構造をMRI で分析の上、植物由来の成分を分解し牛肉の食感に近い構造に組み立て直すことで、本物に近いハンバーガーのパテを製造している。同社の製品はアマゾン傘下の高級食品スーパーの Whole Foods に早くから並べられている。2019 年豪州創業の v2Food 社は、豪州の国立科学機関 CSIRO の R&D を活用し、大豆や植物油ベースの代替肉を製造。アジアのバーガーキングのプラントベースワッパーのパテに使用されている。香港で 2012 年に創業した Green Monday 社は OmniPork と呼ぶポークの植物性代替肉を製造している。Green Monday とは「月曜日はプラントベースの食事にしましょう」というプログラムで、教育機関やレストラン、企業に対し啓蒙活動を積極的に行っており、ポール・マッカートニーもこの活動を応援している。

　2019 年ボストン創業の Motif FoodWorks 社は、独自の脂肪技術により加熱すると泡が出たり伸びたりする、より本物に近い植物ベースのチーズの開発を期待されているユニコーン企業である。2015 年シリコンバレー創業の Nobell Foods社も伸びるチーズの開発で期待されている。Y Combinator 出身で BEV も出資する同社は、遺伝子組み換え大豆でチーズの伸びを再現する乳タンパク質を開発している。

　植物由来ミルクにも多くの企業があり、ナスダックで IPO を果たしたスウェーデンの Oatly 社、2014 年シリコンバレー創業の Ripple Foods 社、2012 年ドイツ創業のマメ科のルピナス種子を原料として使う Prolupin 社等が有名である。その中でも 2015 年チリ創業の NotCo 社は独自の植物の成分 DB から動物性製品に最も近い組み合わせを抽出する手法で、より本物に近い植物由来のミルクやマヨネーズを開発しているユニコーン企業である。ジェフ・ベゾスが出資していることでも知られている。

◎培養

　より本物に近い肉や乳製品を作るため、動物細胞を培養し増殖させるテクノロジーの研究も注目されている。オランダの Mosa Meat 社はマーストリヒト大学の教授の技術により 2013 年に世界で初めて培養肉パテを生産した。ミネソタ大学

の教授により 2015 年シリコンバレーで創業された Upside Foods 社は 2017 年に世界で初めて培養の鶏肉を生産した。2018 年イスラエル創業の Believer Meats 社は培養肉の量産化を進めており、イスラエルで 1 日 500 キログラムの生産ができる工場を開設し、米国でも更に大規模な工場の建設を進めている。また、ヒトの母乳に代わる代替母乳の培養を進めるスタートアップも登場している。ノースカロライナ州で 2020 年創業の BioMilq 社はヒトの母乳に含まれる成分であるタンパク質と炭水化物の培養に成功し、代替母乳の生産に向けて開発を進めている。

◎微生物

　2014 年シリコンバレー創業の Perfect Day 社は微生物に作りたいタンパク質の遺伝子を挿入し、タンパク質を作る精密発酵技術を使い、アイスクリームやチーズケーキといった乳製品を製造販売している。2012 年にシカゴで創業した Nature's Fynd 社は米国のイエローストーン国立公園で発見された熱水泉に生息する極限環境微生物由来の菌類を発酵させて代替肉を製造している。2015 年英国創業の Enough 社も糸状菌の発酵によりマイコプロテインを製造するスタートアップである。

◎空気

　フィンランドで 2017 年に創業した Solar Foods 社は空気と電気からタンパク質を作る企業として注目されている。バクテリアが大気中の CO_2 と水素を取り込むと単細胞タンパク質が生成される。そうして生成されたタンパク質を Solein と呼び、Solein から様々な食品を開発している。フィンランド政府からの資金援助を受け市場への商品投入に向けて進めている。

◎カーボンニュートラル乳製品

　オレゴンで 2019 年創業の Neutral Foods 社は代替物の製造ではなく、畜産そのものの CO_2 削減を目指すスタートアップである。牛から出るメタンガスの削減に向けた工夫等を行い、飼育過程の CO_2 排出を徹底的に削減し、削減しきれない分はクレジットによりオフセットすることでカーボンニュートラルを達成している。

　なお、代替肉の分野はビル・ゲイツ銘柄が非常に多いのも特徴である。BEV からだけでなく、Impossible Foods 社、Beyond Meat 社、Upside Foods 社等々、ビル・ゲイツ個人からの出資もあり、自著でチーズバーガー好きを公言するビル・ゲイツ個人による強い関心が伺える。

◎食料を長持ちさせるコーティング剤

　食料の無駄をなくすためのイノベーションを進めるスタートアップも多い。

　2012年にカリフォルニアのサンタバーバラで創業したUCサンタバーバラ発のスタートアップApeel Sciences社は、果物や野菜に含まれる天然成分から食料の酸化を防ぐ効果のあるコーティング剤を開発しているユニコーン企業である。2016年ボストン創業のMori社は、MITのディープテックVCであるThe Engine社の支援を受けるスタートアップであり、シルクのタンパク質を利用したコーティング剤により、食料の保存期間を延ばすテクノロジーを開発している。

◎フードリサイクルシステム

　食品廃棄を防ぐためのマーケットプレイスや流通の仕組みを構築するスタートアップが世界中で活躍している。スウェーデンで2015年に創業したKarma社は期限切れに近い商品を値引きして消費者に再流通させるマーケットプレイスアプリを運営している。飲食店がアプリに登録しそれを消費者が購入し、実店舗に受け取りに行く仕組みでスウェーデン、英国、フランスで150万以上のアプリユーザーを獲得している。また、それらデータを活用したマーケティングサービスも展開。2013年英国創業のWinnow社はシェフの食品廃棄物削減を支援するAIツールを開発。AIカメラが食品廃棄物の写真と重量を記録し、その価値や環境への影響を定期的にレポートし、食品廃棄物の削減を促す。2015年デンマーク創業のToo Good To Go社は飲食店やスーパーで賞味期限が近く廃棄される食料を、消費者に割安で提供するためのシェアリングプラットフォームを運営。欧州各国を始め米国、カナダといった計17カ国で展開し、1日10万食分の廃棄ロスを削減している。2014年フランス創業のPhenix社は、期限切れ商品を消費者に低価格で販売したり慈善団体に寄付するためのプラットフォームとサービスを提供。欧州5カ国で1,500社のパートナー企業と250万人のユーザーを持つサービスを展開している。(図表5-5-2)

フードの注目企業

①Motif FoodWorks[29]（ボストン　2019年設立　シリーズB）

　独自の脂肪技術を活用し、より本物に近い植物由来のとろけるチーズや霜降り肉の製造を目指すユニコーン企業。Y Combinator発の合成化学ユニコーン企業Gingko Bioworks社のスピンアウト企業。Gingko Bioworks社との提携により、Gingkoが持つDNAデータを活用した開発を行う。ゲルフ大学の研究者とのパー

トナーシップにより、チーズをより本物に近づける脂肪技術の独占使用権を取得。その技術により溶けて伸びるチーズを実現し、商品化を目指す。2021 年 6 月に 2 億 2600 万ドルのシリーズ B を実施。BEV は初期からの投資家の 1 社である。

② Upside Foods[30]（シリコンバレー　2015年設立　シリーズC）

　ミネソタ大学の教授により 2015 年シリコンバレーで創業された Upside Foods 社は 2017 年に世界で初めて培養の鶏肉の製造に成功したユニコーン企業。2021 年に社名を「Memphis Meats」から現在の名前に変更。2022 年にアメリカ食品医薬品局（FDA）から安全性についての承認を得る。鶏肉、ミートボール、鴨肉、魚類などの肉の培養を進めており、カリフォルニア州エメリービルに年間 22 万トンの生産規模を誇る 5 万 3000 平方フィートの規模の大きな工場を開設。2021 年に Cleantech Group の Global Cleantech 100 に選出。2022 年 4 月に 4 億ドルのシリーズ C を実施。これまでの投資家にビル・ゲイツ、ソフトバンク、米国の食品大手のタイソンフーズ、カーギル等がいる。

③ Neutral Foods[31]（オレゴン　2019年設立　シリーズA）

　カーボンニュートラルな乳製品の製造を目指している。畜産時に排出される GHG をできるだけ削減する工夫を行い、排出した分はクレジットでオフセットすることで、カーボンニュートラルな牛乳として販売している。牛から産生されるメタンガスを削減する取り組みとして、メタンガス産生を抑制する効果が確認されているタンニンを多く含む植物を牧草地に植えると同時に、メタンガスのもう 1 つの発生源である糞尿を管理するシステムを導入。サプライチェーン全体でのカーボンニュートラルを目指し、農場や瓶詰め工場で使用される電力、牛乳パックの廃棄にわたるまで追跡し、GHG 排出量を計測。細かく改善を図るとともに、畜産業者では対処できない部分まで同社が資金援助して、カーボンニュートラルを達成している。2022 年 8 月に 1200 万ドルのシリーズ A を実施。BEV に加え、日本から農林中金、キリンが参加。

---

29 Motif FoodWorks HP　https://madewithmotif.com
30 Upside Foods HP　https://upsidefoods.com
31 Neutral Foods HP　https://www.eatneutral.com

| 図表 5-5-2 | フード＆フードシステム関連の注目企業一覧

上場企業

企業名	分野	設立年度	本社所在地	上場市場	会社概要	BEV	CG
Beyond Meat		2009	LA	ナスダック	えんどう豆のタンパク質やココナッツオイル、ビーツ等による植物由来の代替肉の製造		
Oatly		1994	スウェーデン	ナスダック	オーツ麦由来のミルクの製造		

スタートアップ・レイターステージ

企業名	分野	設立年度	本社所在地	上場市場	会社概要	BEV	CG
Upside Foods	培養		シリコンバレー		【ユニコーン】培養肉の開発		G100
Nature's Fynd	代替肉		シカゴ		【ユニコーン】極限環境微生物を使用した代替プロテインの製造		G100
NotCo	代替乳製品		チリ		【ユニコーン】成分DBによる植物由来の乳製品代替品の製造		
Perfect Day	代替乳製品		シリコンバレー		【ユニコーン】微生物の精密発酵技術による乳製品の製造		
Ripple Foods	代替乳製品		シリコンバレー		えんどう豆を原料とした植物由来のミルクの製造		G100
Apeel Sciences	コーティング		カリフォルニア州		【ユニコーン】保存期間を延ばし、害虫を防ぐ有機・無害の食品コーティング剤の製造		G100
Impossible Foods	代替肉		シリコンバレー		【ユニコーン】大豆とタンパク質にある化合物のヘム等による植物由来の代替肉の製造		

スタートアップ・アーリーステージ

企業名	分野	設立年度	本社所在地	上場市場	会社概要	BEV	CG
Green Monday	代替肉		香港		ポークと魚類の代替肉の製造と、Green Moday キャンペーンの展開		G100
Prolupin	代替肉		ドイツ		ルピナス種子による植物由来のミルクの製造		G100
BioMilq	代替乳製品		ノースカロライナ州		乳幼児への栄養補給のための培養代替母乳の製造	○	
Solar Foods	代替肉		フィンランド		二酸化炭素、水、窒素、電力を使用したタンパク質の製造		G100

Neutral Foods	代替乳製品		オレゴン州		カーボンニュートラルな乳製品の製造	○	
KARMA	食品廃棄物		スウェーデン		期限切れに近い商品を値引きして消費者に再流通させるマーケットプレイスアプリの提供		G100
Too Good To Go	食品廃棄物		デンマーク		お店やレストランで売れ残った食品とユーザーをつなぐアプリの提供		G100
v2food	代替肉		オーストラリア		パテ、ソーセージ、シュニッツェルなど、植物由来の代替肉の製造		G100
Motif FoodWorks	代替肉		ボストン		【ユニコーン】独自の脂肪技術による、植物由来のより本物に近いチーズや霜降り肉の製造	○	
Nobell Foods	代替乳製品		シリコンバレー		遺伝子組み換え大豆による植物由来の伸びるチーズの製造	○	
Mosa Meat	培養		オランダ		培養牛肉バーガーの開発		G100
Believer Meats	培養		イスラエル		培養食肉のスケーラブルな生産ソリューションの開発		G100
Enough	代替肉		英国		糸状菌の発酵によるマイコプロテインの製造		G100
Mori	コーティング		ボストン		生鮮食品の保存期間を延ばす、シルクのタンパク質のバイオマテリアルコーティング剤の製造		G100
Winnow	食品廃棄物		英国		食品廃棄物を削減し、より収益性の高い、持続可能なキッチンを運営するシェフを支援する人工知能ツールの提供		G100
Phenix	食品廃棄物		フランス		期限切れ商品を消費者に低価格で販売したり慈善団体に寄付するためのプラットフォームとサービスの提供		G100

(注)　BEV：Breakthrough Energy Ventures の投資先　CG：Cleatech Group の選出企業
[凡例]　G100：Global100
出所：各社 HP より AAKEL 作成

④ Mori[32]（ボストン　2016年設立　シリーズB）

　シルクのタンパク質を利用したコーティング剤により、食料の保存期間を延ばすテクノロジーを開発。MIT のディープテック VC である The Engine 社の支援を受けている。水と塩を用いて、天然のシルクからタンパク質を抽出し、食料の腐敗を防ぐ食べることもできる保護膜を開発。果物、野菜、肉、魚介類の腐敗を最大 2 倍遅らせ、食料を長く新鮮な状態に保つことが可能。廃棄物の削減も狙う。2023 年に Cleantech Group の Global Cleantech 100 に選出。世界経済フォーラムの 2021 年テクノロジー・パイオニア賞を受賞。2022 年 3 月に 5000 万ドルのシリーズ B を実施。日本企業では 2021 年 1 月にキヤノンが製造面でのパートナーシップを発表。

⑤ Too Good To Go[33]（デンマーク　2015年設立　シリーズA）

　飲食店やスーパーで、賞味期限が近く廃棄される食料を消費者に割安で提供するためのシェアリングプラットフォームを運営。欧州各国を始め米国、カナダといった計 17 カ国で展開し、1 日 10 万食分の廃棄ロスを削減。スマホアプリで近隣の店を検索、ネット決済して、指定した時間帯に自分で取りに行くシステム。パッケージもコンポスト可能なものを使用。2019 年 12 月に B-Corp の認証を取得。食品ロスを無くすことをミッションとし、学校等への啓蒙活動も広く実施。2021 年 11 月に 2400 万ドルのシリーズ A を実施。

---

32 Mori HP　https://www.mori.com
33 Too Good To Go HP　https://toogoodtogo.com/en-us

Impossible!
カリフォルニアのフードイノベーション

　米国では私の鉄板ネタが1つある。日本から人を迎える際には必ずハンバーガーショップにお連れし、Impossible Burger のパテを使ったハンバーガーを試食することにしているが、米国のレストランでは店員が食事中"How's everything?（料理はどうだい？）"と聞きにくる。その際に"Impossible!"と言うと100％みんな笑うのである。

　正確には「笑った」と過去形かもしれない。それはコロナ前の話で、まだ Impossible Burger が特別なメニューだった頃の話である。今はバーガーキングには Impossible Whopper という Impossible Burger を使ったハンバーガーがあり、他のハンバーガーチェーンでも同様の動きが広がる。米国ではすでに代替肉が日常のものとなっている。値段は若干高いがそれを好んで食べる人も多い。そして、両者に値段以外の差はほとんどない。日本からの視察団には Impossible Burger と普通のハンバーガーを並べて、どちらがどちらかわからないようにして出すが、正解率はだいたい50％である。要するに区別がつかないということだ。日本の大豆バーガーはまだまだ普通のハンバーガーには及ばないが、世界の先端テクノロジーは味の差がつかないところまで来ているのである。

　アメリカのスーパーには代替製品が溢れている。プロテインのコーナーにはコオロギプロテインバーが置いてあり、牛乳のコーナーの3分の1はオーツ麦やえんどう豆、アーモンドから作られた植物性ミルクが並び、精肉コーナーの一画には代替肉が鎮座している。それ以外にも卵やチーズといった乳製品も植物由来のものが置いてある。以前、アメリカに住んでいる時に Just Egg という液体卵の代替製品を買って卵焼きを作ってみたが、本物の卵と同じように調理できた。食べた感じは、山芋が混ざったような、少し粘り気のあるものではあったが、十分に満足できた。また、以前は評判が悪かった植物由来のチーズも、2022年11月の訪問時にスーパーで購入したものは温めるとしっかりとろけて本物に近いレベルで楽しむことができ、その進化に感心した。

　スーパーだけではなく、レストランも進化している。2022年11月に渡米した際には、1週間ヴィーガンチャレンジという試みをした。私自身は食いしん坊で、いつも懸命に安くて美味しいものを探しているが、そんな私がヴィーガン料理だけで耐えられるか実験してみたのである。ヴィーガンタイフード、ヴィーガンラ

ザニア、ヴィーガンメキシカン等々試してみたが、結果はヴィーガンで十分にいける料理とそうでない料理があり、まぁまぁという感じであった。ただし、美味しくない料理は油やソース、スープにおいて動物性のものが使えないことが理由で、基本的に植物由来のビーフやポーク、チキンについてはどれも本物と遜色なく美味しく、満足度も高かった。この実験で初めて気がついたが、ほとんどのレストランにヴィーガンメニューがあったことには驚いた。ヴィーガンはすでに日常に溶け込んでおり、ヨガやジョギングのように、健康のための一種のファッションとなっているようである。

第6章

2050年を目指した
テクノロジー

6-1 水素

水素の概要

　化石燃料の代替燃料として、燃焼しても CO_2 を排出しない水素に注目。水素および水素から製造したアンモニアの生成から貯蔵、輸送までのサプライチェーンと、水素を燃料とした発電や乗り物を開発。

市場規模（水素製造）[1]

　2308億1000万ドル　2030
　CAGR 6.6%　1298億5000万ドル　2021

解決しようとしている課題

　水素は石油、石炭、ガス等の化石燃料の代替燃料として期待されており、主に発電、熱、輸送の3分野での活用が想定される。今、最も熱い分野の1つとして大きな投資が集まり、世界各地でイノベーションが進んでいる。スタンフォード大学のカンファレンスでも必ず主要テーマとして取り上げられ、その可能性について熱い議論が交わされている。

　発電分野では、火力発電所の代替燃料として期待されている。火力発電は、再生可能エネルギーに置き換えることがカーボンニュートラルの基本となるが、需給変動に対する調整力の機能や周波数に対する慣性力確保といった安定供給のために、出力の変動を比較的容易に制御できる火力発電所の CO_2 をゼロに近づけることができれば、その役割は引き続き重要なものとなりえる。そこで、化石燃料の代わりに水素を使うことによる CO_2 排出量の削減や、工場・事務所等のローカル電源として機能する小型発電機やコージェネレーションシステムの燃料電池

---

1 https://www.sphericalinsights.com/reports/hydrogen-generation-market

を、水素を活用したものに置き換えることによってカーボンニュートラルを実現する。

　熱分野については、他の代替エネルギーが現時点で見当たらない点から発電分野以上に水素の役割は大きい。製鉄やセメント等、素材の中には製造過程で高熱を必要とするものが多いが、その高熱を電気から得ることは難しい。現在、石炭や重油、ガス等によって生み出している高熱を水素に変えることで、カーボンニュートラルを目指す。

　輸送については、自動車向けガソリン、航空機向けジェット燃料、船舶向け重油の代替燃料として水素が期待されている。輸送については電気で置き換えることも可能だが、蓄電池の重量や充電時間の長さなどから、短距離輸送は電気、長距離輸送は水素（燃料電池）がソリューションになると言われている。

水素の問題点

　このように広い用途が期待されている水素だが、その生成や利用には乗り越えなければならない壁が多い。水素は元素記号の1番目に位置することからもわかる通り、扱いが非常に難しい。容易に爆発してしまうことや、液化の温度がマイナス253度と非常に低いことから、貯蔵や運搬にかなりのデリケートさが求められる。そのため、水素利用は高コストとなり、用途が制限されてしまう。ただし、高熱のように再生可能エネルギーで生み出すことができないものについては現段階で水素以外の答えに乏しく、それ故にドイツを始め世界中でイノベーションが進む領域となっている。

水素の種類

　水素は生成方法によって、カーボンニュートラルの文脈では論理的な色分けがされている。（図表6-1-1）

　多くの色分けがされているが主なところとして、再生可能エネルギーを利用した電気分解によって生成されるグリーン水素、生成にガス等の化石燃料を使用し、その時に排出されるCO_2を回収し貯蔵もしくは再利用することによってCO_2排出を抑えるブルー水素、生成に化石燃料を使うがCO_2を回収しないものをグレー水素、原子力発電の電力を利用した電気分解によって生成するものをイエロー水素、プラズマなどを使った熱分解によりメタンから水素を生成し、同時に生成される炭素は固体として生成するターコイズ水素などがある。

| 図表 6-1-1 | 水素の種類

グリーン水素

太陽光発電・風力・水力等の再生可能エネルギーで作られた電力で水を電気分解し水素ガスを得る仕組み。生成過程では理論上全く CO_2 を出さない

ブルー水素

CCUS（CO_2 回収・有効利用・貯留）技術を使って副産物の CO_2 を大気中に排出せずに製造された化石燃料、特に天然ガス由来の水素

イエロー水素

原子力発電の電力で水を電気分解して生成される水素。名称は原発の燃料の原料となるイエローケーキ（ウラン精鉱）に由来する

ブラウン水素

褐炭を原料に生成した水素

ホワイト水素

製鉄所の溶鉱炉の工程で副産物として発生する水素

ターコイズ水素

プラズマ等を使った直接熱分解方式でメタンから水素ガスを生成する。副産物の炭素は固体として生成、大気に放出されないという最先端の方法

グレー水素

ブルー水素と同様に化石燃料を利用して作られるが、製造過程で多くの CO_2 が大気中に排出される

出所：National Grid 社 HP より AAKEL 作成
https://www.nationalgrid.com/stories/energy-explained/hydrogen-colour-spectrum

アンモニアの製造

　前述のように水素は液化温度の低さによる取り扱いの難しさがあるが、それを克服する１つの手段として、アンモニアの製造が注目されている。アンモニア（NH_3）は水素（H_2）と窒素（N_2）を合成して生成されるが、マイナス 33 度、もしくは常温で 8.5 気圧といった条件で液化するため、水素よりも扱いやすく、すでに運搬手段も確立されている。また、燃焼しても水素と同様に CO_2 を排出しないためカーボンニュートラル燃料として利用可能である。そうしたことから、再生可能エネルギーの適地付近で生成されたグリーン水素からアンモニアを製造し、それを運搬する方式のイノベーションが進んでいる。

メタネーション

　他方、水素と CO_2 からメタンを生成し、それを利用するメタネーションという

| 図表6-1-2 | メタネーションと燃料電池

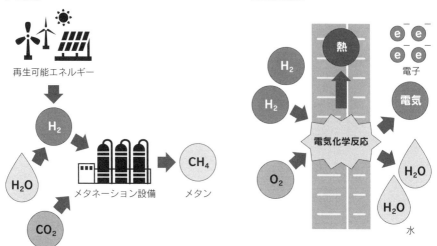

メタネーション

メタネーションは、水素(H_2)と二酸化炭素(CO_2)から天然ガスの主成分であるメタン(CH_4)を合成する技術

再生可能エネルギー

H_2

H_2O

CO_2

メタネーション設備

CH_4

メタン

燃料電池

燃料電池は水素と酸素の電気化学反応により発生した電気を、継続的に取り出すことができる発電装置

熱

H_2

H_2

O_2

電気化学反応

e e e e

電子

電気

H_2O

H_2O

水

出所：資源エネルギー庁 HP より AAKEL 作成
https://www.enecho.meti.go.jp/about/special/johoteikyo/methanation.html
https://www.enecho.meti.go.jp/about/special/johoteikyo/nenryodenchi_01.html

テクノロジーもイノベーションが進んでいる。これは水素からメタンを製造することで、ガスの導管等の既存インフラを有効活用することができる点から注目度が高い。メタンは燃焼時にCO_2が排出されるが、生成に工場等で回収されたCO_2を利用することでネットゼロと考えられている。（図表6-1-2）

現在のトレンド

　水素の分野は日本や米国が強かったが、水素国家戦略により大きな研究開発投資を行っているドイツの存在感が日に日に増している。

　水素製造分野では主に電気分解と熱分解の2つの方向性でイノベーションが進んでいる。（図表6-1-3）

　グリーン水素の製造に向けた電気分解のテクノロジーは効率を競うステージに来ており、すでに上場を果たしたドイツの水電解装置の Enapter 社や英国の ITM Power 社、ドイツの蒸気電解システムの Sunfire 社、三菱重工が出資をしている

| 図表 6-1-3 | 水素製造技術

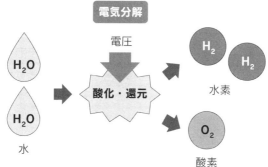

出所：資源エネルギー庁 HP より AAKEL 作成
https://www.czero.energy

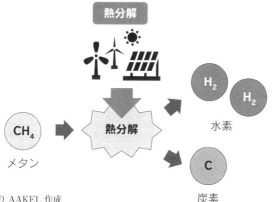

出所：C-zero 社より AAKEL 作成

シリコンバレーの Electric Hydrogen 社などが鎬を削っている。ターコイズ水素の製造に向けた熱分解のテクノロジーは最先端の水素製造テクノロジーとして注目されており、三菱重工が出資をしているシリコンバレーの C-Zero 社と Monolith 社、三井物産が出資をしているカナダの Ekona 社などがよく知られている。

　電気分解と熱分解以外の製造方法も進んできており、住友商事が出資しているテキサスの Syzygy Plasmonics 社という光触媒でアンモニアを分解することによって水素を製造するような企業や、イスラエルの H2Pro 社という、従来の水の電気分解とは異なる「E-TAC（電気化学＋熱活性化学）」と呼ばれる効率的な方法で再生可能エネルギーによるグリーン水素を製造する企業も注目されている。

　また、水素使用場所で製造できる小型の製造装置を開発している企業も出てきており、スペインのH2SITE社や同じく小型で移動可能な製造装置を開発し、Gas as a Serviceを提供している米国ニューメキシコのBayoTech社などが有名である。

　燃料電池はテクノロジー的には成熟しつつあり、ソフトバンクが提携しているシリコンバレーのBloom Energy社、コネチカットのFuelCell Energy社、カナダのBallard Power Systems社、英国のCeres Power社などがすでに上場を果たしている。

　メタネーションも成長中の分野であり、純度の高いメタンの製造に成功し、欧州各国で実証を進めているドイツのElectrochaea社が注目されている。

　水素貯蔵も研究が進んでおり、可燃性が低く安全な液体有機水素キャリア（LOHC）の形での水素貯蔵プラントを開発したドイツのHydrogenious LOHC Technologies社のような企業がある。（**図表6-1-4**）

水素の注目企業
① H2Pro[2]（イスラエル　2019年設立　シリーズB）
　高効率で低コストの水素製造装置を製造。メッセージアプリViberの共同創業者であった、シリアルアントレプレナーのTalmon Marcoによって設立。従来の水の電気分解とは異なる「E-TAC（電気化学＋熱活性化学）」と呼ばれるイスラエル工科大学で開発されたテクノロジーでグリーン水素を製造。水素を作り、その後加熱するプロセスで酸素を発生させるという方式で、水素と酸素が混ざらないようにするため、安全性が高い。加えて電解槽の膜が不要なことからコストダウンも可能。2022年1月に7500万ドルのシリーズBを実施。これまでブレイクスルー・エナジー・ベンチャーズ（BEV）や住友商事が出資。

② C-Zero[3]（シリコンバレー　2018年設立　シリーズB）
　メタンから熱触媒を用いて水素と固体炭素を取り出すターコイズ水素の技術を開発。UCカリフォルニア大学サンタバーバラ校のEric McFarland教授が開発した技術を商用化。水素製造過程でCO_2を排出しない。C-Zeroという社名は同社のテクノロジーが燃料から炭素（C）をゼロにすることが由来。カリフォルニア

2　H2Pro HP　https://www.h2pro.co
3　C-Zero HP　https://www.czero.energy

の PG&E 社と SoCalGas 社と実証プロジェクトを実施中。2022 年に Cleantech Group の Global Cleantech 100 に選出。米国政府の DOE と ARPA-E よりそれぞれ補助金を獲得。2022 年 6 月に 3400 万ドルのシリーズ B を実施。これまで BEV、三菱重工、フランス大手エネルギー企業の Engie 社、イタリア大手エネルギー企業の Eni 社等が出資。

③ BayoTech[4]（ニューメキシコ　2015年設立　シリーズB）

　水素使用先（オンサイト）で導入できる小型で移動可能な水蒸気メタン改質器の開発と改質器を活用した Gas as a service を提供。米ニューメキシコ州を本拠地として活動。従来の大型水素製造プラントよりも効率が良く、炭素排出量が少ないため（最大 40％減）、同量の水素を製造する際に必要な原料、敷地、長距離輸送等にかかるコストの削減が可能。既存の天然ガスパイプラインのネットワーク活用により、水素が実際に使用される場所（水素ステーション、FC、産業プラント、肥料生産、電力発電等）で水素を製造することが可能。2021 年に米国大手エンジニアリング企業の Emerson 社と複数年にわたる戦略的フレームワーク契約を締結。2021 年 11 月に New Mexico Gas Company 社と提携し、アルバカーキに米国内最大のクリーン水素製造ハブの建設を発表。2022 年に Cleantech Group の Global Cleantech 100 に選出。2021 年 1 月に 1 億 5700 万ドルのシリーズ C を実施。

④ Electrochaea[5]（ドイツ　2010年設立　シリーズD）

　CO_2 と水素からメタンを合成するメタネーション技術を開発。純度 97％の天然ガスと同じ品質のメタンガスを生成。米国シカゴ大学の Laurens Mets 博士の研究室で基礎研究と PoC を実施したテクノロジーを実用化。欧州の電力市場で、再生可能エネルギーの余剰時間に起こるネガティブプライス（kWh 単価が市場でマイナスになること）の電力を活用して、合成メタンを生成することによりセクターカップリングの Power to Gas を実現。ドイツに加え、デンマーク、スイス、米国にて実証中。2022 年・2023 年の Cleantech Group の Global Cleantech 100 に選出。2022 年 1 月に European Innovation Council（EIC）など 8 社による 4088 億ドルのシリーズ D を実施。

4　BayoTech HP https://bayotech.us
5　Electrochaea HP　https://www.electrochaea.com

図表6-1-4　水素関連の注目企業一覧

上場企業

企業名	分野	設立年度	本社所在地	上場市場	会社概要	BEV	CG
Enapter	グリーン水素	2017	ドイツ	フランクフルト	水素製造用モジュール型陰イオン交換膜電解槽の製造		
ITM Power	グリーン水素	2001	英国	BATS	燃料電池水素貯蔵技術を製造するためのPEM電解槽の製造		
Ballard Power Systems	燃料電池	1979	カナダ	ナスダック	プロトン交換膜式燃料電池製品の製造		
Ceres Power	燃料電池	2001	英国	ロンドン	熱電併給用金属担持型固体酸化物燃料電池の製造		
FuelCell Energy	燃料電池	1969	コネチカット州	ナスダック	炭化水素燃料で作動する、グリッド規模のエネルギー貯蔵用定置型燃料電池の製造		
Bloom Energy	燃料電池	2002	シリコンバレー	ニューヨーク	オンサイト発電用固体酸化物形燃料電池の製造		

スタートアップ・レイターステージ

企業名	分野	設立年度	本社所在地	調達ラウンド	会社概要	BEV	CG
Ekona Power	ターコイズ水素	2017	カナダ	シリーズA	天然ガスを熱分解するターコイズ水素の製造装置の製造		G100
H2SITE	小型水素製造	2019	スペイン	シリーズA	メンブレンリアクターによる小型のオンサイト水素製造装置の製造	○	
Tsubame BHB	アンモニア	2017	日本	シリーズA	エレクトライド触媒技術を元にしたオンサイト型アンモニア供給システムの製造		A25
Amogy	水素	2020	NY	シリーズA	アンモニアを燃料とするカーボンフリーエネルギー貯蔵システムの製造		G100
Electric Hydrogen	グリーン水素	2021	ボストン	シリーズB	電解水素製造技術によるグリーン水素製造装置の製造	○	G100
H2Pro	水素製造	2019	イスラエル	シリーズB	E-TAC（電気化学＋熱活性化学）による高効率で低コストの水素製造装置の製造	○	

BayoTech	小型水素製造	2015	ニューメキシコ州	シリーズ B	オンサイト型水素製造装置を活用した Gas as a Service の提供		G100
Hydrogenious LOHC Technologies	水素貯蔵	2013	ドイツ	シリーズ B	液体有機水素キャリアによる水素貯蔵施設の製造		G100
Syzygy Plasmonics	水素製造	2017	ヒューストン	シリーズ C	光触媒を用いてアンモニアから水素を作る製造装置の製造		G100

スタートアップ・アーリーステージ

企業名	分野	設立年度	本社所在地	調達ラウンド	会社概要	BEV	CG
Monolith	ターコイズ水素	2013	シリコンバレー	シリーズ D	天然ガスをプラズマ熱分解するターコイズ水素の製造装置の製造		G100
Electrochaea	メタネーション	2010	ドイツ	シリーズ D	風力・太陽光の余剰電力を利用してメタネーションを行うプラントの製造		G100
Sunfire	グリーン水素	2010	ドイツ	シリーズ D	【ユニコーン】固体酸化物燃料電池や固体酸化物電解槽を用いた再生可能な合成燃料など、エネルギー変換技術の提供		G100

注：BEV：Breakthrough Energy Ventures の投資先　CG：Cleatech Group の選出企業
［凡例］G100：Global100　A25：APAC25
出所：各社 HP より AAKEL 作成

⑤ Hydrogenious LOHC Technologies[6]（ドイツ　2013年設立　シリーズC）

　液体有機水素キャリア（LOHC）の水素貯蔵プラントを開発。水素を安価で簡単に輸送するテクノロジーの開発を進める。水素の貯蔵や運搬のコストと安全性に関する課題を解決するために、水素と石油を一緒に貯蔵し液化するLOHCと言われるテクノロジーを適用。輸送できる水素の量を3倍に増やすことが可能。液化にあたりトルエン系のオイルを使用するため可燃性が低く、安全性が高い。貯蔵プラントには、大型のプラントタイプと小型のコンテナタイプの2種類がある。ドイツのドルマーゲンにある世界最大規模のLOHCグリーン水素プラントで、プロジェクト管理とプラント運営を担当。2020年と2021年にCleantech GroupのGlobal Cleantech 100に選出。2021年9月に1770万ユーロのシリーズCを実施。これまで三菱商事とJERA、オイルメジャーのChevron社等が出資。

6-2 | 原子力発電＆核融合

原子力発電&核融合の概要

　CO_2を排出しない発電方式である原子力発電について、安全性と廃棄物問題の解決に向けたソリューションを開発。新たに、核融合によって膨大なエネルギーを生み出すテクノロジーを開発。

市場規模（原子力発電所装置）[7]

　388億2000万ドル　2030年

　CAGR 2.6%　324億4000万ドル

　　※現在研究開発の原子力発電は2040年以降の普及が予想されているため、2030年時点ではまだ市場規模は小さい

解決しようとしている課題

　2018年の秋、シリコンバレーでは原子力が話題となった。グーグルが自社のデータセンターを24時間365日カーボンフリーな電力で運営するというディスカッションペーパーの中で、それを達成するためには原子力発電が必要だと明記したのである。グーグルを始め、アマゾンやマイクロソフト等の莫大なデータセン

6　Hydrogenious LOHC Technologies HP　https://hydrogenious.net

7　https://www.sphericalinsights.com/reports/nuclear-power-plant-equipment-market

ターを持つ企業はカーボンクレジットを活用することなく、カーボンフリー電力のみで運営することにコミットしているが、それは再生可能エネルギーだけでは現実的ではないということが示されたのである。

　再生可能エネルギー100％で電力供給ができるようになれば理想的だが、現実は世界のほとんどの国においてそうはいかない。風力や太陽光といった再生可能エネルギーは自然エネルギーを利用して発電し、燃料が不要のため発電コストは安いが、面積あたりの発電効率は原子力発電や火力発電に遠く及ばない。同様に発電kWh単位で必要な資材の量も比較にならない。それでもその地域を賄う電力を発電するのに必要な再生可能エネルギー向けの土地があれば良いが、十分な適地を確保することが難しい国も多い。また、火力発電所はCO_2を排出するため、カーボンニュートラルを実現するためにはグリーン水素やアンモニアに替えるか、CO_2を回収しCCUSのプロセスに載せる対応が必要となるが、必要な量のグリーン水素やアンモニアの確保、CCSの適地確保等々、クリアしなければならない障害が多く、かつコストがかさむために利用量には限界がある。そうした課題を解決するのが核エネルギーである。狭い土地と少量の燃料で大量の電力を生み出すことができ、CO_2も排出しないうえに経済性も優れている。しかしながら、スリーマイル、チョルノービリ、福島といった事故によりその安全性に対する懸念はつきまとい、かつ発電から出される放射性物質、いわゆる核のゴミ問題については解決の目処が立っていない。そうした状況の中、ドイツのように脱原発を進める先進国も存在する。一方で、先述のグーグルのレポートを始め、ビル・ゲイツやジェフ・ベゾスといったIT産業のビリオネアも原子力発電や核融合に莫大な投資を行っている。ビル・ゲイツがスタンフォード大学での講演や自著において繰り返し使うエピソードの1つとして、仮に東京が風力発電100％の電力供給とした時に、激甚な台風が来て3日間風力発電の供給がストップしたらどうなるかという話がある。東京の電力を蓄電池だけで賄おうとすると、世界で10年間に製造された蓄電池よりも多くの蓄電池が必要となりとても現実的ではないという話だ。核エネルギーは人類がカーボンニュートラルを達成するための現実解の1つと考えられているようである。

現在のトレンド

　原子力発電と核融合の両方のテクノロジーに対する期待が年々高まっており、そこに関わる企業やテクノロジーに膨大な投資が集まっている。
　簡単に原子力発電（核分裂）と核融合を整理しておくと、原子力発電は原子核

が分裂することによって熱を生み出し、その熱から作った蒸気でタービンを回転させるものである。原子核として核分裂が起きやすい重たい原子核のウランを使用し、ウランの原子核に中性子を当てると分裂する仕組みである。核融合は原子核がくっつくことで熱を発生させるものであり、軽い原子核の水素が使われる。核融合は原理的に暴走することがなく安全性に優れるが、超高温かつ超高真空の環境が求められ難易度が非常に高い。（図表6-2-1）

　原子力発電については、安全性が高く、放射性廃棄物の排出量が少ないタイプの原子炉の開発が進んでいる。原子炉はその構造によって世代が分類されている。（図表6-2-2）日本で建設された最新の原子炉は第3世代であり、福島第1原発の原子炉は第2世代のものである。世界では第4世代の研究開発が進んでおり、ビル・ゲイツが投資をしているのも第4世代である。第4世代もさまざまな種類があるが、特に注目され投資が集まっているのがSMR（Small Modular Reactor）と呼ばれる、小型原子炉である[8]。出力は開発企業によって異なるが10万から50万kW程度の大きさとなる。SMRの構造的な特徴は主に3点ある。まず、小型であるということ。小型炉は大型の原子炉よりも冷えやすい特性を持ち、安全性が高まるうえに原子炉全体を簡単な構造にすることができ、メンテナンスもしやすくなる。その結果、コストの削減にも繋がる可能性がある。2つ目はモジュール化されているということ。規格化された部材一式を工場で生産して作った組み立てユニットを現地で積み立てるモジュール建築の手法を最大限取り入れようというアイデア。高い品質管理や短い工期、コスト低減を実現する工法。3つ目は多目的であるということ。発電の用途以外に、水素製造、熱エネルギーの利用、遠隔地でのエネルギー源、医療等に特化した原子力技術を開発しようという動きがあり、技術開発が進められている。SMRのスタートアップとしてはビル・ゲイツが自ら創業したTerra Power社や、2022年5月にSPAC上場した、IHIや日揮も出資するオレゴンのNuScale Power社が有名である。Terra Power社は、投資家のウォーレン・バフェットが所有する電力会社PacifiCorp社と協力し、2020年代後半の稼働を目指してワイオミング州に第1号機を建設する予定。NuScale Power社は2029年と2030年にDOE傘下のアイダホ国立研究所で原子炉を建設することが承認された。両社とも2030年代後半から40年代の普及拡大を目指していると言われている。

　核融合についても世界各地で実証が進んでいる。フランスで建設が進められて

---

8 https://www.energy.gov/ne/advanced-small-modular-reactors-smrs

| 図表6-2-1 | 原子力発電と核融合の違い

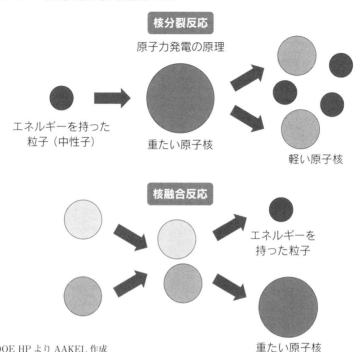

出所：DOE HP より AAKEL 作成
https://www.energy.gov/ne/articles/fission-and-fusion-what-difference

| 図表6-2-2 | 原子力発電所の世代

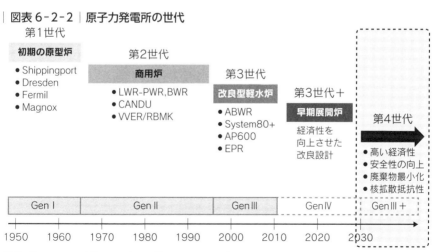

出所：Department of Energy　https://www.energy.gov/

いる国際熱核融合実験炉ITER（イーター）[9]が有名であり、日本を含む各国が協力してこのテクノロジーの開発に取り組んでいる。核融合のスタートアップとしてはITERと同じ超伝導磁石でプラズマを制御するトカマク方式をとる英国のTokamak Energy社や、BEVも出資するMIT発祥のCommonwealth Fusion Systems社、磁化標的核融合技術を使うジェフ・ベゾスも出資するカナダのGeneral Fusion社などが注目されている。核融合には大きな投資が集まっているものの、夢の技術と言われるだけあり、現時点で実用化の時期を見通すことはまだ難しい。（図表6-2-3）

原子力発電・核融合の注目企業
原子力発電：TerraPower[10]（ワシントン　2008年設立　Growth Capital）

　小型で核のゴミ問題や安全性を向上させる第4世代の新型原子炉のナトリウム冷却型高速原子炉、溶融塩化物高速原子炉、進行波炉（TWR）等を開発。ビル・ゲイツが創業者で会長を務め、次世代原子力技術で気候変動と貧困に対しクリーンなエネルギーを届けるというビジョンを掲げている。原子力発電の技術を持つGE日立ニュークリア・エナジー等と提携。2021年6月、ウォーレン・バフェットの電力会社PacifiCorp社と共同で、ワイオミング州の石炭火力発電 所跡地に新型原子炉の実証プラントを建設すると発表。また、2022年10月にはNuclear Fuel Americas（GNF-A）と契約しDOEとの共同出資によってGNE-A敷地内に新型原子炉を建設することも発表。ビル・ゲイツ個人の出資に加え、鉄鋼世界最大手のArcelorMittal社、韓国のSK社などが出資。

核融合：① Commonwealth Fusion Systems[11]
（マサチューセッツ　2017年設立　シリーズB）

　超伝導磁石技術を活用した高度なトカマク融合技術を開発。MITSPARCと呼ばれる高磁場トカマクを利用した核融合装置を完成させ、デモンストレーションを行う予定。MITプラズマ科学および核融合センター（PSFC）の人材や研究アイデアを基に独立したスピンオフ企業で、2022年6月にMITとの5年間の協定を更新し、共同研究を進めている。2020年から3年連続でCleantech GroupのGlobal Cleantech 100に選出。2021年12月にTiger Global Managementがリー

9 https://www.iter.org
10 TerraPower HP　https://www.terrapower.com
11 Commonwealth Fusion Systems HP　https://cfs.energy

図表 6-2-3 ｜ 原子力発電・核融合関連の注目企業一覧

上場企業

企業名	分野	設立年度	本社所在地	上場市場	会社概要	BEV	CG
NuScale Power	原子力	2007	オレゴン州	ニューヨーク	モジュール式で拡張性のある SMR の製造		G100

スタートアップ・レイターステージ

企業名	分野	設立年度	本社所在地	上場市場	会社概要	BEV	CG
Zap Energy	核融合	2017	シアトル		先進的な核融合制御システムの開発	○	
Kairos Power	核融合	2016	シリコンバレー		TRISO 燃料を活用し、水の代わりに溶融フッ化物を冷却材として使用する、核融合技術の開発		G100
General Fusion	核融合	2002	カナダ		磁場ターゲット核融合に特化した民間核融合エネルギーシステムの開発		G100
TerraPower	原子力	2008	シアトル		SMR の製造		

スタートアップ・アーリーステージ

企業名	分野	設立年度	本社所在地	上場市場	会社概要	BEV	CG
Commonwealth Fusion Systems	核融合	2017	ボストン		【ユニコーン】高温超伝導体を利用した先進的な核融合技術を開発	○	G100
Tokamak Energy	核融合	2009	英国		超小型核融合中性子源の開発		

注：BEV：Breakthrough Energy Ventures の投資先　CG：Cleatech Group の選出企業
［凡例］G100：Global100
出所：各社 HP より AAKEL 作成

ドする 18 億ドルのシリーズ B を実施。ビル・ゲイツ個人と BEV に加え、ジョン・ドア、マーク・ベニオフ（Salesforce 創業者）、グーグル等の錚々たる面々が出資。

核融合：② General Fusion[12]（カナダ　2002年設立　シリーズE）

　磁化標的核融合技術を用いた核融合プラントを開発。ジェフ・ベゾスや Shopify 創設者トビアス・リュトケ等が出資。米政府や英政府からの支援も受け

ている。2021年6月、ロンドン郊外に4億ドルのパイロット試験施設の創設計画を発表。新型コロナの影響で遅延が予想され るものの、2025年の稼働開始を予定。2021年11月、テネシー州オークリッジ市に米国拠点を設けることを発表。2022年に Cleantech Group の Global Cleantech 100 に選出。2021年11月に Temasek Holdings や GIC Investment など8社による1億3000万ドルのシリーズEを実施。

6-3 DAC&CCUS

DAC&CCUSの概要

大気中の CO_2 を回収する DAC（Direct Air Capture）、発電所や工場から排出される CO_2 を回収し地中に貯留する CCUS（Carbon Dioxide Utilization Capture and Storage）に関するソリューションを開発。

市場規模（CO_2回収・分離）[13]

70億ドル　2030年

CAGR 19.5%　20億1000万ドル　2021

解決しようとしている課題

最初に CCUS のテクノロジーに触れたのは、2018年10月にサンフランシスコの北にあるオークランドで開催された GreenBiz 主催の VERGE18の会場だった。Blue Planet Systems 社という、コンクリート骨材の製造に CO_2 を利用するスタートアップの展示をみたのだが、最初は何のことだか全くわからなかった。よくよく話を聞いてみて、それが本当に実現できるのであれば、カーボンニュートラルの切り札になるのではないかと感じたことをよく覚えている。

カーボンニュートラルを目指し、電力をクリーンにし、交通にもそのクリーン電力を利用し、熱もクリーン電力や水素・アンモニアに変えていくといった努力を世界中で行うが、排出量をゼロにすることは到底無理な話であることは自明である。ネットゼロにするためには排出された CO_2 を回収し、閉じ込めることが必要となる。それを実現するのが CCUS であり、DAC である。

---

12 General Fusion HP　https://cfs.energy

13 https://www.fortunebusinessinsights.com/industry-reports/carbon-capture-and-sequestration-market-100819

　しかしながら、口で言うほど簡単ではない。まず CO_2 を回収するのにはエネルギーが必要である。CCUS にしても DAC にしても、回収時にかなりの熱エネルギーを必要とする。そしてそれがクリーンエネルギーから作られた熱でなければ本末転倒となってしまう。この問題をどのように解消するか。1 つの答えはセクターカップリングの発想で、余剰の再生可能エネルギーを利用することである。余剰となったものを有効活用できるような、地域的、制度的な枠組みの整備が必要となる。また、実際に CO_2 を回収してもそれを貯蔵する場所がどれだけあるのかが問題である。強固な岩盤の下が適地とされており、日本では 2,400 億トンのポテンシャルがあると経産省から示されているものの、あくまでも地層から見た可能量であり、岩盤自体の問題や、海中の深さ、漁業権等の権利といった数々の確認が必要であり、実際に CCS を実施できる土地は相当限られてくる。加えて、貯蔵した CO_2 や輸送中の CO_2 が漏れる懸念もある。CO_2 が漏出すると周囲の環境に甚大な影響を与えるとも言われており、安全性を確保するための開発もまだまだ必要となる。こうしたことを積み重ねると、DAC や CCS のコストはどんどん膨らむことは言うまでもない。テクノロジーが成熟し、こうした課題を克服して、普及期に入るのは恐らく 2030 年代後半以降であり、貯蔵可能量も試算されているものより大幅に少ないと見るのが妥当ではないかと思われる。ただし、それでもカーボンニュートラルには必要なテクノロジーであり、だからこそビリオネアを含む多くの投資家がこの分野でのイノベーションに期待をして投資するのである。

現在のトレンド

　DAC、CCS、CCU について世界中で野心的な取り組みが進行中である。

　CO_2 の回収技術は複数あり、環境省の整理では、吸収液に溶解させる化学吸収法、吸収液に吸着させる物理吸収法、CO_2 が透過する膜で分ける膜分離法、気体の沸点の違いを利用する深冷分離法、固体吸着剤に吸着させる物理吸着法の他、酸素燃焼法や化学ループ法などがあり、各社はそれぞれの方法を独自技術で磨きをかけてその効率を競っている。

　DAC については、日本でも報道が多いスイスの Climeworks 社が、アイスランドに現段階で世界最大規模のプラントを構えていることから、注目度では頭一つ抜けた存在であるが、他にも多くのスタートアップが登場している。CCS、CCUに比べまだ技術的に成熟していない分野であるため、多くのスタートアップがチャレンジしているステージである。Shopify 社とクレジット契約を結び、SAF の生

成で有名な LanzaTech 社とのアライアンスも組み、ビル・ゲイツも出資している
カナダの Carbon Engineering 社、BEV が出資する Heirloom Carbon Technologies
社、コロンビア大学の研究者によって設立され、スタンフォード研究所とアラバ
マ州にパイロットプラントを持つ Global Thermostat 社などが鎬を削っている。

　CCS と CCU については DAC と比較すると技術的な成熟度は進んでおり、次々
と新しいスタートアップが生まれると言うより、勝ち残ってきた企業達が実用化
に向けて実証や普及に向けたコスト削減に取り組んでいるステージにある。CCS
では、日本から丸紅や太平洋セメントが出資する英国の Carbon Clean Solutions
社、同じく英国で、BP が出資する名門リーズ大学発の C-Capture 社、DAC の
Climeworks 社とアイスランドで共同事業を進めている Carbfix 社、カナダ政府の
支援を受けている Svante 社などが有名である。CCU については様々な CO_2 利用
があるが、セメント・コンクリート分野では Cleantech Group の Global Cleantech
100 に 2015 年から選出されているカナダの CarbonCure Technologies 社や、コン
クリート製造時のカーボンフットプリントを従来製法から 70％削減することに成
功しているニュージャージーの Solidia Technologies 社、三菱商事が出資をする
シリコンバレーの Blue Planet Systems 社、そして、第3章で紹介した Twelve 社
などに注目が集まっている[14]。（図表 6-3-1）

DAC&CCSの注目企業
DAC：**Climeworks**[15]（スイス　2009年設立　Growth Capital）

　空気中の CO_2 を直接捕集して除去する技術を開発。容量の調整がしやすいモジ
ュール形式の装置となっており、ファンで空気を取り込み、特別な吸着剤を使用
した特殊フィルターに CO_2 を吸着させ、フィルターに CO_2 が貯まると、加熱し
て CO_2 を分離する仕組みとなっている。2017 年に大気中の CO_2 を回収するプラ
ントをスイスで稼働させ、2021 年にはアイスランドで CO_2 回収と地中に貯留す
る設備を稼働させている。アイスランドのプラントで回収した CO_2 は、パートナ
ーであるアイスランドのスタートアップの Carbfix 社が地下深くに埋め、玄武岩と
反応することで石化する仕組みを利用している。設備の動力は近接の地熱発電所
のエネルギーを利用することで、クリーンな設備となっている。マイクロソフト

14 出所：環境省「平成 25 年度シャトルシップによる CCS を活用した二国間クレジット制度実現可能性
　　調査委託業務報告書」
　　https://www.env.go.jp/earth/ccs/h25_report.html
15 Climeworks HP　https://climeworks.com

図表 6-3-1 | DAC・CCS 関連の注目企業一覧

スタートアップ・レイターステージ

企業名	分野	設立年度	本社所在地	会社概要	BEV	CG
Verdox	DAC	2019	ボストン	電気スイング吸着による空気直接 CO_2 回収技術の提供	○	G100
Carbon Clean	CCS	2009	英国	CO_2 分離のコストと環境への影響を大幅に削減する CO_2 回収技術の開発者		
Svante	CCS	2007	カナダ	エネルギー効率に優れた産業用 CO_2 回収技術の開発		G100
Climeworks	DAC	2009	スイス	大気から二酸化炭素を除去する空気直接回収技術の開発		G100
Global Thermostat	DAC	2010	NY	大気中炭素回収システムの開発		
Carbfix	CCS	2006	アイスランド	地下の鉱物に CO_2 を吸着する技術の開発		

スタートアップ・アーリーステージ

企業名	分野	設立年度	本社所在地	会社概要	BEV	CG
Heirloom Carbon Technologies	DAC	2020	シリコンバレー	風化促進による炭素回収プロセスの提供	○	
Sustaera	DAC	2021	ノースカロライナ州	再エネとセラミックモノリス・エアコンタクターを使い大気から直接 CO_2 を回収し、地下に貯蔵する炭素回収システムの提供	○	
Carbon Engineering	DAC	2009	カナダ	大気中から二酸化炭素の回収技術の開発		
C-Capture	CCS	2008	英国	炭素回収・貯留（CCS）用途の溶剤の開発		G100

注：BEV：Breakthrough Energy Ventures の投資先　CG：Cleatech Group の選出企業
［凡例］G100：Global100
出所：各社 HP より AAKEL 作成

社の CO_2 除去プログラムに参加しており、同社にカーボンクレジットを販売している。他にドイツの自動車 Audi 社や米国の決済大手 Strip 社、日本からは ANA なども同社のクレジットを購入している。また、回収した CO_2 の一部を炭酸としてコカ・コーラに販売することでも収益を得ている。2021 年から Cleantech Group の Global Cleantech 100 に選出。2022 年 5 月に 6 億 5000 万ドルの超大型の資金調達を実施。世界中から莫大な投資が集まる状況となっている。

CCS：①C-Capture[16]（英国　2008年設立　シリーズB）

英国の名門であるリーズ大学発のスタートアップ。CO_2 を溶かして吸着する炭素回収・貯留（CCS）用途の溶剤を開発。バイオマスエネルギーと CO_2 回収貯留の組み合わせによる BECCS の研究も実施。2019年から1万トンの CO_2 を捕獲するパイロットプラントを建設。同社の投資家でもある英国の再生可能エネルギー企業 Drax 社のバイオマス発電所に設置し実証を行う。2021年に Cleantech Group の Global Cleantech 100 に選出。2021年2月、英オイルメジャーBP 等から、970万ドルのシリーズBを実施。

CCS：②Heirloom Carbon Technologies[17]
（シリコンバレー　2020年設立　シリーズA）

風化促進法と呼ばれる鉱物を利用して大気中の CO_2 を除去する炭素回収プロセスを提供。細かく粉砕した炭素を含んだ石灰石などの鉱物を再生可能エネルギーによる電気窯で高温に加熱し、CO_2 を分離・回収する。そして残った酸化鉱物を大気中に晒し、その酸化鉱物が再び CO_2 を吸収し、それを分離・改修するというプロセスを繰り返し、回収した CO_2 を地中に貯留するプロセスを構築。バイデン政権の化石エネルギー部首席副次官補のペンシルバニア大学のジェニファー・ウィルコックス教授の研究室の研究内容の実用化を進める。2022年3月にブレークスルー・エナジー・ベンチャーズ（BEV）がリードする5300万ドルのシリーズAを実施。これまでローワーカーボンキャピタル社、ストライプ社、マイクロソフト等が出資。マイクロソフトとストライプ社はカーボンクレジットを同社から購入する契約を結んでいる。

CCU に関する注目企業については「6-5 グリーン素材」で紹介する。

6-4 ｜ バイオ燃料

バイオ燃料の概要

食糧と競合しない原料、廃棄物や紙などの製造過程で出る副生物などから、既存のインフラで利用可能なバイオ燃料を開発。

---

16 C-Capture HP https://c-capture.co.uk
17 Heirloom Carbon Technologie HP　Heirloom Carbon

市場規模[18]

2012 億 1000 万ドル　2030

CAGR 8.3%　1206 億ドル　2021

解決しようとしている課題

　化石燃料を使用しているものは、再生可能エネルギーに置き換える。置き換えが難しいものは、水素やアンモニアに置き換えるというのがカーボンニュートラルの基本的な考え方である。ただし、特に乗り物については現在のエンジンを使うことが難しいため、社会全体で大きな移行が必要となる。一方で、バイオ燃料を使用すれば、現在のエンジンに手を加えることなくそのまま使うことが可能となり、エンジンを利用したままカーボンニュートラルの達成が可能である。バイオ燃料は、燃やすと CO_2 を排出するが、大気中にある炭素を吸収して生成されるため、使用してもオフセットされるという考え方である。ただし、2000 年代中盤頃より注目されたバイオエタノールやバイオディーゼルは問題の多い燃料である。バイオエタノールは主にトウモロコシやサトウキビから生成され、バイオディーゼルはパーム油や菜種油、ひまわり油から生成される。問題は大きく 3 つあり、1 つは食糧との競合であり、燃料よりも食料が必要な地域への供給が優先されるような仕組みを作らなければならない。次がその化学肥料の使用や製造工程で CO_2 を排出してしまう懸念があるということである。そして最後が最も深刻で、それらの作物はお金になるため、インドネシアやマレーシア、アフリカ、アマゾン地域などではその作物を育てる場所を確保するために森林を伐採する行為が進んでしまっていることである。森林による CO_2 の吸収量がどんどん減ってしまう本末転倒な行いであるが、経済成長が必要な現地ではその論理は通用しない。そのため、特に森林破壊を引きおこしているパーム油などは EU 等で規制がかけられている。そうした問題を回避するために、食糧と競合しない、食料やゴミの廃棄物や紙などの製造過程で出る副生物などからバイオ燃料を生成するテクノロジーの開発が進んでいる。それらはエンジンで利用できることに加え、タンカーやパイプライン、貯蔵所などの既存インフラを使うことが可能なため、インフラ更新によってかかる環境負荷やコストを回避することも可能となる。ただし、コスト的には既存の燃料よりも高くつくため、その点の解消が課題となる。

現在のトレンド

　バイオ燃料は電化が難しい分野への適用の研究開発が進んでおり、特に航空機向けのジェット燃料として既存の設備にそのまま使えるドロップイン燃料であるSAF（Sustainable Aviation Fuel）への投資が加速している。SAFは食料油の廃油や植物などバイオマス由来の燃料で、原油からつくる従来のジェット燃料に混ぜて使う。各国で航空機燃料に対する規制強化が図られており、EUは航空燃料に5％以上使うことを義務化、日本も2030年に1割をSAFにする目標を掲げている。フィンランドのエネルギー企業であるNeste社はすでに量産に向けて商用化し、ANAやKLM等の航空会社と契約を結んでいる。Breakthorough Energyのプロジェクト支援部門であるBreakthorough Energy Catalystから支援を受けているイリノイのLanzaJet社は排ガスからSAFを生成し、ヴァージン・アトランティック航空やANAと供給契約を結んでいる。ネバダ州のゴミからSAFを生成するシリコンバレーのFulcrum BioEnergy社はJALやユナイテッド航空とプロジェクトを進めている。他にもカナダの都市ゴミを原料にSAFを生成するEnerkem社などが投資を集めている。

　CO_2とH$_2$（水素）を合成して生成される人工的な原油である合成燃料も様々な会社が出てきている。ユニコーン企業のPrometheus Fuels社は、大気中から回収したCO_2と水から濃縮アルコールを作り出す技術でBMWや海運のMaersk社、アメリカン航空などと販売契約を結んでいる。同じく大気中のCO_2と水からエタノールを作り、それをお酒のウォッカにして販売しているAir Company社などがよく知られている。

　それ以外にも、BEVから出資を受け、植物原料から石油化学品に代わる成分のリグニンを抽出する先端テクノロジーを研究するスイスのBloom Biorenewables社や、ハイプラスチックから代替燃料を生成するTessomo Technologies社なども注目されている[19]。（図表6-4-1）

バイオ燃料の注目企業

① LanzaJet[20]（イリノイ　2020年設立　Growth Capital）

　低炭素原料や廃棄物原料を幅広く利用してSAFを生成し航空会社等に提供。

---

19 出所：経済産業省「CO_2等を用いた燃料製造技術開発プロジェクトの研究開発・社会実装の方向性（案）」
https://www.meti.go.jp/shingikai/sankoshin/green_innovation/energy_structure/pdf/007_02_00.pdf
20 LanzaJet HP　https://www.lanzajet.com

| 図表6-4-1 | バイオ燃料関連の注目企業一覧

スタートアップ・レイターステージ

企業名	分野	設立年度	本社所在地	会社概要	BEV	CG
LanzaJet	SAF	2020	イリノイ州	アルコールからジェットへの変換経路を利用したSAFの生成	○	
Enerken	SAF	2000	カナダ	独自の熱化学プロセスによる都市ゴミからのSAFの生成		
Fulcrum BioEnergy	SAF	2007	シリコンバレー	自治体の廃棄物からエタノールやその他のSAFの生成		

スタートアップ・アーリーステージ

企業名	分野	設立年度	本社所在地	会社概要	BEV	CG
Bloom Biorenewables	バイオ燃料	2019	スイス	樹木に含まれるリグニンによる化学燃料の生成	○	N50
Air Company	合成燃料	2017	NY	大気から取り込んだCO_2を原料とする高純度エタノールの生成		
Prometheus Fuels	合成燃料	2018	シリコンバレー	［ユニコーン］空気中のCO_2と水から作ったエタノールによるSAFの生成		
Twelve	先進素材	2015	シリコンバレー	二酸化炭素を化学・燃料用の合成ガスに再利用する電気化学プロセスの提供		G100

注：BEV：Breakthrough Energy Ventures の投資先　　CG：Cleatech Group の選出企業
［凡例］G100：Global100　　N50：Next50
出所：各社HPより AAKEL 作成

2020年、微生物のガス発酵技術を利用し、一酸化炭素やCO_2を含む排ガスから低炭素燃料、及び化学品を製造する技術を開発しているLanzaTech社が、三井物産とカナダのエネルギー企業のSuncor社の支援を受けてSAF専門企業として立ち上げた。三井物産はLanzaTech社に対しても出資をしている。また、Suncor社は自社が管理するFreedom Pines燃料施設において、LanzaJet社が生成するSAFを飛行機に供給する契約を結んでいる。加えて、ANAとブリティッシュ・エアウェイズもLanzaJet社と供給契約を締結。オイルメジャーのシェルも同社に出資。Breakthorough Energy のプロジェクト支援部門である Break thorough Energy Catalyst から同プログラムの第1号案件として支援を受けている。

② Prometheus Fuels[21]（シリコンバレー　2018年設立　シリーズB）

　ユニコーン企業。大気中のCO_2を回収し、濃縮したアルコールに変えることが

できるテクノロジーを開発。産業用ファンで空気を取り込み、水と化合物の混合物の中に注入し、できた溶液に電気で化学反応を起こし、アルコール混合物を生成する。カーボンナノチューブ膜を通して、水からアルコールを分離させ、触媒を使ってバイオ燃料とする仕組み。Y Combinator の卒業生。2021年9月にBMWと海運大手の Maersk、Y Combinator から5000万ドルのシリーズBを実施し、企業価値評価を15億ドルとしユニコーンとなる。すでにアメリカン航空等の航空会社とも SAF の提供契約を締結済み。バイデン米国大統領が同社を紹介したことで、一気に知名度が上がった。

③ Bloom Biorenewables[22]（スイス　2019年設立　シード）

植物からリグニンを抽出する技術を開発。EPFL（スイス連邦工科大学ローザンヌ校）からスピンアウト。樹木などのバイオマスに豊富に含まれているリグニンを抽出し、化学原料を生成し販売。技術ライセンスの供与も行う。石油の代替製品を作り出すことを目指し、商業化に向けた動きを推進。日本においては横河電機が業務提携を結ぶ。2020年に Cleantech Group の Cleantech Next 50 to Watch に選出。European Innovation Council からの支援を受けている。BEV が出資。

6-5 グリーン素材

グリーン素材の概要

鉄、セメント、石油化学製品といった製造時に多くの CO_2 を排出する素材について、CO_2 排出量を抑える手法や代替素材を開発。CO_2 を吸収するために、CO_2 を原料とする素材を開発。

解決しようとしている課題

世界で産業分野が排出する GHG は30％を超える。特に、鉄、セメント、石油化学製品等の素材においては、その製造過程における化学反応や高熱利用、電力利用などから大量の CO_2 が排出される。しかし、現時点で人類はそれらの素材なしには継続的な発展が望めない。そうした課題を解決すべく、鉄については素材

---

21 Prometheus Fuels HP　https://www.prometheusfuels.com
22 Bloom Biorenewables HP　https://www.bloombiorenewables.com

の製造過程の見直しを行い、製造過程でCO_2を排出しないグリーンスチールの製造に向けた研究開発が進んでいる。セメントについては、その製造過程で発生するCO_2を回収し、セメントから作るコンクリートにCO_2を閉じ込める手法の開発が進んでいる。石油化学製品については、プラスチックの代替素材の開発や、CO_2と水から石油の代替燃料を作り、石油化学製品を製造するといった研究開発が進んでいる。

現在のトレンド

　鉄鋼については、製造過程において鉄鉱石から鉄をとりだすために炭素で還元するが、化学反応によってCO_2を排出する。そしてその反応を起こすためには高熱が必要であり、石炭で熱を作るため、そこでも大量のCO_2を排出する。このような製造工程全体を見直してCO_2排出を抑える手法の研究開発が進んでおり、そうした手法によって作られた鉄をグリーンスチールと呼ぶ。世界の大手鉄鋼メーカーはそれぞれ研究開発を進めるが、このイノベーションにチャレンジするスタートアップも登場している。MITのスピンアウトでボストンに拠点をおくBoston Metal社は溶融酸化物電解技術と呼ばれる手法を開発し、製造時にCO_2の排出を抑えることに成功しており、量産化・商用化に向けた実証を行っている。スウェーデンのH2 Green Steel社はグリーン水素を燃料とすることで鉄の製造工程全体でのCO_2排出量を95％削減する水素直接還元鉄プラントの開発を行い、商用機の建設を進めている。

　セメントは石灰石を原料に作られるが、石灰石を熱分解する際と、その熱を作る際にCO_2が発生する。このCO_2を抑えるために、石灰石に他の鉱物を混ぜることにより、石灰石の利用を少なくし、熱はグリーン水素で作り出すことによって排出量を抑える工夫や、石灰石の代わりの原料によるセメント開発、例えば、カルシウムにCO_2を吸着させた炭酸塩を石灰石の代わりに利用しCO_2排出をゼロにする研究も進んでいる。また、セメントからコンクリートを作る際に、混和材としてCO_2を吸収する材料を使うことによってCO_2を吸収したCO_2ネガティブなコンクリートを作ることができる。多くのスタートアップがこのような取り組みにチャレンジしており、Cleantech GroupのGlobal Cleantech 100に2015年から選出されている炭酸カルシウムの利用を進めるカナダのCarbonCure Technologies社や、石灰石に他の鉱物を混ぜる手法をとることによりコンクリート製造時のCO_2排出量を従来製法から70％削減することに成功しているニュージャージーのSolidia Technologies社、BEVが出資するカーボンニュートラルな

225

ポルトランドセメントを製造するLAのBrimstone Energy社、高炉水砕スラグによる低炭素セメントを製造するアイルランドのEcocem社、三菱商事が出資をするシリコンバレーのBlue Planet Systems社などに注目が集まっている。（図表6-5-1）

先進素材の注目企業

① Boston Metal[23]（マサチューセッツ　2012年　シリーズC）

グリーンスチールプラントの製造。溶融酸化物電解技術と呼ばれる電気を使って鉄鉱石から酸素を取り除くテクノロジーを開発。溶解性鉄と他の酸化や材料を混ぜたものを入れたセルに電気を流すことにより加熱し、酸素を取り除く。MITの研究者によって開発された。現在はボストン本社内にある小規模の実証炉にて実証中で、小指大の鉄が数日かけて製造されている。2022年のCleantech GroupのGlobal Cleantech 100に選出。ダボス会議の主催する世界経済フォーラムのTechnology Pioneers 2020にも選出。2021年1月に5000万ドルのシリーズBを実施し、BEV等が出資。2023年1月に、アルセロールミッタルなどから1億2000万ドルのシリーズCを実施。

② CarbonCure Technologies[24]（カナダ　2012年設立　シリーズE）

コンクリート製造用永久炭素除去技術を開発。産業分野で排出されたCO_2を精製し、コンクリートに注入。セメントのカルシウムイオンと反応して生まれる炭酸カルシウムによってコンクリートを硬化する役目を果たしている。生コン工場の製造ラインを大きく変更せずに、低コストで導入できることが特徴。ブロック製品や練り混ぜた状態のレディーミクストコンクリート等を販売。アマゾンの新本社ビルにも採用されている。2015年から2021年までCleantech GroupのGlobal Cleantech 100に連続選出。BEV、アマゾン、マイクロソフト社、三菱商事などが投資家として名を連ねている。

---

23 Boston Metal HP　https://contech.jp/bostonmetal/
24 CarbonCure Technologies HP　https://www.carboncure.com

図表6-5-1 | 先進素材関連の注目企業一覧

スタートアップ・レイターステージ

企業名	設立年度	本社所在地	会社概要	BEV	CG
Blue Planet	2012	シリコンバレー	CO_2を原料としてカーボンニュートラルな建材を製造する炭素回収・無機化技術の開発		
Solidia Technologies	2008	NY	CO_2を原料としてコンクリートを製造する炭素回収・無機化技術の開発	○	G100
CarbonCure Technologies	2012	カナダ	コンクリート製造における永久的な炭素除去技術の開発		G100
MycoWorks	2013	シリコンバレー	カーボンネガティブプロセスで菌糸と農業副産物から育てた皮革の開発		G100
Econic Technologies	2011	英国	CO_2からポリカーボネート、ポリオール、ポリマーを製造するための触媒		G100

スタートアップ・アーリーステージ

企業名	設立年度	本社所在地	会社概要	BEV	CG
Paptic	2015	フィンランド	プラスチックや紙袋に代わる新素材の開発		G100
Xampla	2018	イギリス	植物性タンパク質のみから作られるバイオベースの生分解性素材の開発		G100
Carbon Upcycling Technologies	2014	カナダ	コンクリート、プラスチック、コーティング材にCO_2を固形化して封じ込める技術の開発		G100
Ecocem	2003	アイルランド	高炉水砕スラグ（GGBS）を原料とする低炭素セメントの製造	○	
Brimstone Energy	2019	LA	カーボンニュートラルなポルトランドセメントの開発および副セメント製造技術の提供	○	G100
Carbicrete	2016	カナダ	産業界から排出される二酸化炭素から低コスト建材を製造		G100
Terra CO_2 Technologies	2016	カナダ	鉱滓から発生する酸の除去やCO_2削減セメントなど、CO_2利用技術の開発		
Brimstone	2019	オークランド	カーボンニュートラルなポルトランドセメントおよび補強用セメント材料の製造		G100
Boston Metal	2012	ボストン	製鉄用溶融酸化物電解技術、およびその他の金属・合金製造技術の開発	○	G100
H2 Green Steel	2020	スウェーデン	グリーン水素を燃料とし、デジタル化・自動化された、より低炭素な鉄鋼プラントの開発		G100

注：BEV：Breakthrough Energy Ventures の投資先　CG：Cleatech Group の選出企業
[凡例] G100：Global100
出所：各社HP より AAKEL 作成

The Land of Fire and Ice
カーボンネガティブに最も近い国 アイスランドのイノベーション[25]

　2019年8月上旬、ロンドンで開催されたENECHANGE主催のJapan Energy Challenge参加後に、アイスランドを旅行した。アイスランドへの旅行の目的は、その雄大な自然が造り出す絶景を楽しむことであったが、思いもかけずカーボンニュートラルについて深く考えさせられるものとなった。

　アイスランドは人口約32万人、面積は北海道の約1.3倍の広さの国だ。首都のレイキャビックは北緯63度で、世界で最も北にある街として知られている。8月上旬の訪問だったが、その年は北極からの風の影響で例年より寒く最高気温が12度で、軽装で現地に着いた私はたまらずすぐにダウンジャケットとニット、帽子を調達する羽目となった。

地熱発電所と温泉
　アイスランドの電力は約73%が水力、残りの27%が地熱で、すでにほぼ100%クリーン電力で賄われている[26]。また、暖房も地熱のお湯を活用した熱利用がほとんどである。電力の70%は基幹産業のアルミニウム工場に使われており、生活のためではなく特定産業の発展のために、環境破壊につながりかねない水力発電所を建設することの是非をめぐって長い論争があった。空港に着いてから首都のレイキャビックへの移動の途中に、スヴァルスエインギ地熱発電所で使われた熱水の排水を利用したブルーラグーンという世界的に有名な温泉施設を訪問した。日本では地熱発電所の建設と温泉組合との間で折り合いがつかないことが多いが、アイスランドではWin-Winの関係で共存しているのを見て、要はコミュニケーション次第なのだと感じたことを覚えている。また、アイスランドの地熱発電所の多くは日本製のプラントであるという話を現地で耳にした。日本ではなかなか普及が進まない地熱発電だが、その普及促進策のヒントがアイスランドにあるかもしれない。

25　出所：AAKELブログ「アイスランドで脱炭素化について考える」
　　https://aakel.co.jp/news/JAGUajMT
26　https://www.government.is/topics/business-and-industry/energy/

氷河

氷河近くの駐車場にある EV 充電器

地熱発電所に隣接するブルーラグーン

首都レイキャビックのカーボンニュートラル

　アイスランドと首都のレイキャビック市は、2040 年までにカーボンニュートラルを達成するという目標を掲げている[27]。前述のように電力と熱はすでに再生可能エネルギーで賄っているため、交通分野で使われる石油が GHG 排出の大部分を占めている。市の計画では、2030 年までに公共交通の比率と市民の徒歩及び自転車移動の比率を上げることが謳われている。アムステルダムやパリでも取り組まれているが、自転車移動の充実はカーボンニュートラルに向けた 1 つの有効な手段だ。もちろん EV 化に向けた整備も進んでおり、2018 年時点で大抵の大きな駐車場には EV チャージャーが設置されていた。

　レイキャビック市内でも随所にエネルギー効率に向けた工夫が見られた。特に興味深かったのが、芝生の屋根の家だ。Laufás（芝生の家）と言い、デザインではなく断熱効果を高めるために伝統的にそのような手法をとっているとのことで

---

[27] https://www.theguardian.com/sustainable-business/2016/oct/03/reykjavik-geothermal-city-carbon-neutral-climate

あった。

氷河と気候変動

　訪問2日目にはアイスランド南部にあるヨークルスアゥルロゥン氷河湖の氷河をボートで見に行った。バスで通った広大な氷河と、氷河湖に浮かぶ氷河は圧巻だったが、私が訪問した直後の8月18日にボルガルフィヨルズルという場所で「元氷河の碑」の除幕式が行われるとのことであった。Rice大学の研究者達によってアイスランドで最初に失われた氷河「Okjökull」を忘れないために碑を設置するという。アイスランドでは気候変動により毎年40平方キロメートルもの氷河が失われ、200年後には氷河が全くなくなると予想されている。

Climeworksによるカーボン除去

　そんなアイスランドで現在、世界最先端の取り組みが進んでいる。スイスのDAC企業であるClimeworks社が地元のCO$_2$貯留企業であるCarbfix社と組み、CO$_2$除去・貯留プラントを2021年より運転している。Carbfix社のテクノロジーは、液化した炭素を玄武岩など特定の種類の岩層に注入し、他の鉱物成分と反応させ、炭素を含む鉱物を作る。そうした鉱物は半永久的にCO$_2$を閉じ込めることができ、必要な期間は約2年ほどだという。このテクノロジーを活用した両社のプラントは年間4000トンのCO$_2$を空気中から除去できる能力があり、世界最大級と言われている。もちろんプラントの稼働に必要なエネルギーも、クリーン電源である地熱発電所から供給されており抜かりはない。すでにカーボンニュートラルへの道筋がついているアイスランドだが、どの国よりも早くカーボンネガティブを達成する可能性を秘めている。

　アイスランドは火山が多く、国全体が火山岩と氷河でできていた。よくこの国を"The Land of Fire and Ice"と表すが、まさに言い得て妙な表現である。気候変動の最前線であり、同時にカーボンニュートラルの先進国でもあるのだ。火山国である日本がアイスランドから学ぶことも多いのではないだろうか。

第 3 部

日本の
成長に向けた施策

We should spend the next decade focusing on the technologies, policies, and market structures that will put us on the path to eliminating greenhouse gases by 2050. It's hard to think of a better response to a miserable 2020 than spending the next ten years dedicating ourselves to this ambitious goal.

今後の一〇年を使って、二〇五〇年までに温室効果ガスを除去できる技術、政策、市場構造に集中して取り組むべきだ。今後の一〇年をこの野心的な目標に捧げること。悲惨な二〇二〇年への応答としてそれより望ましいものがあるとは、僕には思えない。

ビル・ゲイツ

第7章
我が国がこの巨大経済圏で成長するためには

　本書ではクライメートテックのグローバルな視点を提供するという目的から、ここまで日本に関する記述は極力抑えてきた。最終章の本章ではこれまでの情報を整理しつつ、我が国がクライメートテックという巨大経済圏の中で成長を遂げるための論点について整理したい。なお、ここで提示する論点は海外との比較によるものであると同時に、クライメートテックスタートアップの経営者の視点によるものとして受け止めていただけると幸いである。クライメートテックスタートアップ側のポジションから国や企業に対してどのような要望があるのかを提示するものであるため、特に大企業側からの視点はここでの整理に含まないことについてはご了承いただきたい。整理は政策に向けた論点、企業に向けた論点、エコシステムの整備に向けた論点の3点に分けて行った。エコシステムの整備に向けた論点とは、クライメートテックのエコシステムを考えた際に、我が国で強化が必要と考える、インキュベーター、大学、メディアの3機能について考えるものである。

7-1 ｜ 政策

　岸田政権の成長戦略の中心に、「スタートアップ・エコシステムの構築」と「オープンイノベーションの促進」が据えられたことは素晴らしい。クライメートテックという巨大経済圏の中で戦っていくためには、この分野で世界に羽ばたくスタートアップを育成することが必須要件の1つであり、そのためには世界第3位の経済規模を誇る足元の我が国のフィールドを、クライメートテックスタートアップが最大限活用して成長することができるようにしなければならない。日本にクライメートテックスタートアップが少ない理由は、国内市場への参入障壁が高いからに他ならない。気候変動に関心の高い若者は多い。しかしながらそもそもの資本力に加え、その関連業界の複雑性や不透明さ、閉鎖性によりそこで新しくビジネスを立ち上げることを躊躇せざるを得ない状況にあることは否めない。

　そうした環境を変えていくにあたり、我が国の政策面について3つの視点から課題意識を提示したい。

1. 資金と機会の提供
2. 規制の整備
3. オープンデータ基盤の整備

1. 資金と機会の提供

　第3章で見たように、クライメートテックの成長には時間とコストがかかる。苦しい期間を乗り越えて商用化に漕ぎ着け、成長に向かうためには中長期的にそれを支える資金面での支援が欠かせない。しかしながらその長期性ゆえに、本来スタートアップを資金面で支援する機能であるVCでは、クライメートテックスタートアップを支えることができない。それを支えることができるのは公的な資金と長期視点を持つ企業からの資金の2つであり、国としてクライメートテックの特徴を踏まえた、資金提供のスキームの整備が求められる。テスラやTwelve社の事例で見たように、米国のスタートアップの多くは政府からの融資や助成金を活用し、厳しい時期をギリギリ乗り越えてきた。日本にもすでにNEDOのような組織や、経産省、環境省の実証事業も数多く立ち上がっており、多くの予算が投じられている。実際に我々もVPP実証事業の枠組みの中でEV充電に関する実証に取り組み、事業を進捗させることができ、大変感謝をしている。しかし、まだまだ、それらの資金がスタートアップからの距離があるのも事実であり、それは我が国のイノベーションの進捗具合にも表れているように感じる。国の資金が投じられる先にいるのは大企業、というイメージが強く、手続きの煩雑さや枠組みの複雑さから、なかなかスタートアップは入り込みにくい。また、多額の国の資金で研究開発したにもかかわらず、最終的に海外製品を採用してしまうような大企業もあり、その資金をスタートアップに向けていたら、万一失敗したとしても、チャレンジした起業家という人材が残るのにと思わずにはいられないこともある。では、スタートアップに適切に資金を供給するにはどうしたらいいのだろうか？　3つの提案をしたい。

　まず、スタートアップ向けの予算枠をしっかり設定することである。例えば、NEDOのような公的組織の研究開発予算のうち、何割かをスタートアップ枠として優先的に振り分けるようなことをしてみてはどうか。脱炭素先行地域の重点選定モデルの要件としてスタートアップの参加を入れてみてもいい。いずれにせよ、

カーボンニュートラルに関わる国の取り組みにスタートアップを優先的に参加できる工夫をし、資金と機会が提供されるようになると良い。

　2つ目は国としてKPIを設定し、それを年度ごとに評価する仕組みを入れることだ。スタンフォード大学を見ていると、その予算によって何社のスタートアップが生まれ、その合計の評価価値はどの程度になり、どの程度の資金調達を実現し、IPOとM&Aでエグジットした企業がいくつあり、生み出した雇用の人数は何人か示されている。公的研究機関で取り扱う基金も、その基金によって、何社のスタートアップを支援し、どのくらいの経済価値を生み出し、新しい雇用をどの程度生み出したのか、しっかり数字として表に出していくことにより、成果が明確になる。

　3つ目は、国の方でこうした予算の利用を支援するコーディネーターを置くことである。率直に、情報を収集し適切に予算の申請を行うことはスタートアップにとってかなりの負荷である。コーディネーターを置くだけで、応募状況が大きく変わることは間違いない。こちらについては、国だけでなく後述するインキュベーターの機能としても期待されるものである。

　また、これら3点とは別に、自身の経験からあると有効だと思うのが、米国のエネルギー省がテスラ等に行ったような政府補償の融資である。我々も金融機関からの融資を受けているが、経営者の個人補償や自宅マンション等の資産を担保にしても、少額の融資しか受けることができない。そして精神的にとてもこたえる。銀行の立場で考えると、我々のようなリスクのあるスタートアップにあまり貸し出せないのはよく理解できる。国の政策として、クライメートテックスタートアップに対して銀行の審査とは異なる方法により融資制度が整えば、それは非常に有効だというのが率直な意見である。

2. 規制の整備

　イノベーションを進めるためには社会全体としての危機感が必要であり、その危機感は適切な競争環境によって作られる。資本力と人材力をもつ大企業は、時間があれば自社でスタートアップと同じものを開発することは簡単である。よく、大企業の担当者から「自分達でも作れる」という言葉を聞くが、それは正しい。むしろもっといいものを作ることができる。競争がなくスピードが必要とされない時にはそれでいいであろう。しかしそれではクライメートテックのグローバル競争には勝てない。適切な競争環境が整備され、企業が健全な危機感を持った時にイノベーションのスピードが求められ、スタートアップとの協業に取り組むの

である。そしてスタートアップのスピードと大企業の持つスケールが合わさった時に、グローバルで勝てる競争力を持つことができる。第2章で確認したように、自由化とカーボンニュートラルの進む欧州のエネルギー企業は、強い危機感から、自らをディスラプトする可能性のあるイノベーションを早めに取り込み、大きな成長を遂げようとしている。一方で、自由化が進んでいない米国のエネルギー企業は、自社内でイノベーションを進めようとしている企業が多く、自国内にその市場があるにもかかわらずスタートアップへの投資に積極的な企業は多くない。その姿勢の違いは徐々に米国市場でも変化を生みつつあり、現在、新しい市場である分散型エネルギーリソースのアグリゲーターとして存在感を発揮しているのは欧州のエネルギー企業である。日本のエネルギー企業はどのような姿勢であろうか。おそらく欧州と米国の中間に位置するであろう。ただし、現在の状態ではクライメートテックが発展するように思えない。国内のエネルギー業界に、適正な競争環境を整備することが必要であろう。エネルギー供給は安定供給が最も重要であることに異論はない。特にウクライナ問題の中で難しい舵取りが求められる状況にあるが、エネルギーの安定供給と競争環境を両立させる制度設計を目指すことはできる。kWとkWhの確保に向けた国と企業の役割分担の見直しや再編も含めた規制改革、送電強化と配電強化に向けた制度設計、分散型エネルギーリソースの普及に向けた小売の制度整備、取引の厚みを増すための先物も含めた市場改革、電力市場のネガティブプライシング等々、取り組むべきことは多いが、カーボンニュートラルに積極的な会社が大きく企業価値評価を伸ばすような、適切な競争環境の整備が望まれる。

　競争環境の整備に加え、GHG排出量の大きいエネルギー業界、自動車業界、鉄鋼業界、セメント業界、化学業界等に対してカーボンニュートラルの取り組みに対する適切なインセンティブ設計が行われることも必要だ。かつてカリフォルニア州の自動車排ガス規制からホンダのCVCCエンジンが生まれたように、適切な環境規制はイノベーションを生み出す。そういう意味から、政府でカーボンプライシングの議論が進んでいることは素晴らしい。カーボンニュートラルは企業にとってはコストではなく競争力である。世界で年間数百兆円を動かす巨大経済圏が動いている。その経済圏で大きな利益を生み出すためには、先行してカーボンニュートラルに取り組み、そこで得られた知見を展開していくことが最善の策であることは言うまでもない。また、一方でカーボンニュートラルへの取り組みが遅れた企業は、グローバルサプライチェーンからの離脱を意味する。可及的速やかに適切なカーボンプライシングが導入され、カーボンニュートラルに取り組

む企業がスタートアップを活用して自らの取り組みを加速させる流れができることを望む。

3. オープンデータ基盤の整備

　資本力に欠けるスタートアップの立ち上げ方の王道の１つは、公開されているデータに付加価値を付けてサービス提供する情報サービスである。手に入る公開データを集め分析し、そこから得られるインサイトをユーザーに提供する。例えば、電力であれば、スマートメーターのデータから省エネやエネルギーコスト削減の提案をするようなサービスや、発電や需給に関する精度の高い予測情報サービスなどがある。EV であれば、充電状況に合わせて適切に充電時間や充電場所について指示を与えるサービスなどはスタートアップが手がけやすいサービスであり、世界には多くのスタートアップが存在している。

　我々の会社はこの３年間、電力と EV に関する実証を続け、新しいサービスの市場投入に向けて準備を進めてきた。そうした取り組みにおいて大きな壁となってきたのが、電力と自動車のデータ取得である。例えば電力については市場価格を予測するために必要な発電所ごとの時間単位での稼働状態、自動車についてはリアルタイムで自動車の充電状態を把握することが難しい。努力が足りないと言われそうだが、両データとも欧米ではスタートアップでも容易に手に入れることが可能なデータである。自動車のデータについては、自動車に OBD2 というコネクターがあり、そこからデータを取得することができる。米国では OBD2 のピンの位置がメーカー関係なく標準化されており、自動車からデータを取得することが容易であるが、日本ではメーカーや車種によって OBD2 のピンの位置が異なり、情報も公開されていない。そのため、どのピンにどの情報が流れているかは車種毎に分析しなければならないが、その行為を自動車の OEM メーカーは推奨しない。セキュリティ等々の理由があってのことであると推察するが、結果的に自動車データを活用したサービスを第三者が作りにくい状況である。CASE の時代になり、欧米には自動車周辺のスタートアップが数多く登場し、イノベーションを起こしている。OBD2 にこだわる必要はないが、自動車のリアルタイムデータを活用したいというのは、スタートアップからの切実な要望である。

　クライメートテックにかかわらず、我が国にスタートアップが少ない原因の１つはこうしたデータの閉鎖性にあると考える。透明性と精度の高い公開情報の基盤整備こそが、スタートアップを増やす重要な一手となることは間違いない。大手企業とスタートアップとの間に情報の非対称性が起こっている状況の中では事

業は興しにくい。政府主導でこうした透明性と精度の高いデータ提供基盤の整備が進むことを望みたい。

7-2 企業

　この巨大経済圏を自社の機会としたい企業はその姿勢を見直す必要がある。大きく 3 つの提言をしたい。

情報収集力

　情報収集力については、第 3 章で解説した情報収集の方法を参考にしていただきたい。自社の中にクライメートテックの本部を作り、情報収集のために必要なLP 出資や、インキュベーターへの参加、メディア・シンクタンクからのレポート収集、そして世界のクライメートテックのカンファレンスに現地で参加するのである。2023 年 1 月末にカリフォルニア州のパームスプリングスで開催されたCleantech Group の Cleantech Forum North America は、1 月初旬には 400 席が売り切れていた。景気後退の波が来ているものの、クライメートテックに対する熱は冷めることはなく続いている。経営企画部等の企業の中枢に数人の情報収集部隊を作り、そこで収集した情報を社内で共有する仕組が作れると良い。

スタートアップとの関係

　クライメートテック、特にエネルギー系の海外スタートアップの日本導入に、日本企業は何年も苦戦している。私はアクセンチュア時代に大手 ERP の日本市場に向けたローカライゼーションや、新しい海外ソリューションの日本導入を見てきた経験から、その難しさは身に染みている。海外ソリューション、特にスタートアップの日本導入を難しくしている理由は 5 つある。

1. 規制の違い
2. プロトコルの違い
3. 言語の違い
4. 仕事の進め方の違い
5. コミュニケーションの距離

　まず、海外と日本では規制が違う。これは海外同士でも同様だ。米国と英国で

はエネルギー市場の構造からして全く違う。米国に至っては州毎に規制が異なる。海外のソリューションを日本で動かそうと思うと、まずは規制対応が必要となるが、それはソリューションの中に機能を1つ追加することを意味する。プラットフォームはあるかもしれないが、その部分は新規開発である。しかも、規制を理解するのは専門家でも難しい。こうした対応をスタートアップ側に対応してもらわなければならない。

次に、プロトコルが異なる。例えばEV充電器にリモート接続する際に、日本ではECHONET Liteというプロトコルで接続するのに対し、海外はOCPPというプロトコルを使用している。そのため、海外のEV充電サービスを持ってこようとすると、ECOHNET Liteで接続するためのインターフェースを作るところから始まってしまう。そういったことがあらゆる箇所で発生するのだ。

その上で、言語が違うとこれはもうダメだとなる。規制にしてもプロトコルにしても、日本独自のものを外国人に伝えることは難しい。英語のドキュメントも充実していない。そうした中で、海外に対応を依頼することは、ものすごいエネルギーが必要となり、お互いに過度なストレスがかかる。

また、仕事の進め方の違いも大きい。スタートアップの仕事の進め方はデザインシンキングで、アジャイルだ。トライアンドエラーを繰り返しながら品質を上げていく。日本企業が求める品質に最初から到達することはない。日本企業は初期のバージョンに対する品質要求が厳しすぎるのだ。

最後に、コミュニケーションの物理的・時間的な距離である。オンライン会議はあるものの、何かあってもすぐに駆けつけることができない。また、時差があるためにどうしてもやりとりに1日かかってしまう。

そうした理由が積もりに積もり、結局うまくいかないのである。では、企業はどうしたらいいか。選択肢は2つしかない。

1.　日本での導入は諦めて、海外は海外市場向けの投資と割り切る。
2.　腹をくくり、コストをかけて導入を進める。

1つ目は別に逃げではなく、そういう戦略としてあってもいい。ただし、エネルギー企業は国内市場のソリューションを失うため、日本のスタートアップを探すか、自社で開発することを迫られる。なお、出資をしてしまうと、契約内容によっては、日本であっても似たソリューションを構築することは知財等の点においてリスクが発生することは注意が必要である。

　2つ目を進めるには、まずは2つの対応が求められる。1つはスタートアップの本社側に、自社の人材を常駐させること。2つ目は、スタートアップの社員を日本に常駐させることである。もちろん全てのコストは企業側で持つ。スタートアップはよほどのモチベーションがない限り、自社のコストで日本に社員は送らない。以前、シリコンバレーのスタートアップでインターンをする学生に、日本向けの対応はプライオリティが下げられているという話を聞いたことがあるが、仕様や要求が面倒くさく、スケールするかどうかわからない日本市場に対するプライオリティが下がるのはよく理解できる。ただし、それではそのソリューションは日本に導入できない。そうならないためには、こちらの本気度を両ロケーションへの常駐という形で示すのである。そして、実証やローカライゼーションに対して、しっかりと対価を払うことである。日本企業はコンサルやシステム開発にはお金を使うが、スタートアップには出資以上の支出をしない。使う金額の桁が違う。このあたりの改善は必要であろう。

デザインシンキング

　企業側はデザインシンキングとアジャイル開発を学び、スタートアップ側の仕事のやり方に寄り添う努力も必要である。シリコンバレーを有効活用している日本企業の担当者に話を聞くと、必ずこの点を強調される。デザインシンキングはスタートアップの共通言語であり、それをベースに話をしないとわかり合えないという。デザインシンキングに加え、リーンスタートアップ等、スタートアップの手法は一通り理解をした上で、同じ言語でコミュニケーションする姿勢が大事である。オープンイノベーションについても同様の考え方で臨むべきであろう。先述したように、スタートアップとの協業は、技術力以上にスピードを買うものである。そのスピードが自社のプラットフォーム上でスケールされるよう、スタートアップのスピード感が失われるようなことを徹底的に排除し、金銭面や営業面でしっかりサポートする。そして、そうした経験は、自社の社員の成長にも間違いなくつながるのである。

　このような能力を獲得した上で、クライメートテックのイノベーションを内部に取り込み、他社より少しでも早くカーボンニュートラルを実現する。欧米で先行して取り組みを進めたデンマークのOrsted社、スペインのIberdrola社、米国のNextera Energy社のこの15年間の時価総額の変遷を見ればわかるであろう。私は20年前の2001年に、Nextera Energy社のルーツとなるFlorida Power &

Light 社本社隣のアクセンチュアのセンターに赴任していたが、あの田舎の電力会社が北米最大の再生可能エネルギー企業になるとは夢にも思わなかった。Orsted 社も初めて知ったのは、まだ Dong Energy という名前の頃で、アクセンチュアのクライアントの中でもとてもマイナーな、デンマークの小さな会社であったが、2017 年にマイアミで行われたアクセンチュアのエネルギー企業向けのグローバルカンファレンスでは、Iberdrola 社と並んで最も先進的なエネルギー企業として紹介されていたのには驚いた。

　日本企業が少しでも早くこの経済圏に乗るための改革を進め、世界的に存在感のある企業が増えることを願う。

7-3 | エコシステムの整備

　日本にクライメートテックのスタートアップを増やす上で、現在欠けているピースである「大学」「インキュベーター」「メディア・シンクタンク」について考えていきたい。

大学

　まずは大学だが、もちろん日本にも大学は沢山ある。正確に言うと、大学発のスタートップが生まれるための仕掛け作りが必要である。前述のように、海外では大学発のスタートアップが沢山あり、学生だけではなく、教員がスタートアップの創業者になる例も多い。クライメートテックのスタートアップとなると更にハードルが高くなるが、研究開発型のスタートアップの多いクライメートテックにおいてはそうした流れを作らない限り、企業数は増えない。

　スタンフォードや MIT の例を見ると、そこにいる集団が優秀ということもあるが、それ以上にスタートアップを生む仕組みと雰囲気がある。大学の周辺を含め、スタートアップに必要なエコシステムが揃っている。第3章で Twelve 社の事例を見たが、学内のビジネスコンテスト、国の研究機関でのスタートアップ育成プログラム、国と大学からの資金援助、そして CVC や VC と多くの機能を活用して、現在の地位を築いてきた。

　大学発の他の事例として面白いのは代替肉の Impossible Foods 社の事例である[1]。創業者の Patrick Brown は 2011 年の創業時すでに 59 歳で、スタンフォード

---

[1]　https://www.cnbc.com/2020/08/29/impossible-foods-ceo-on-creating-a-meaty-vegan-burger.html

大学医学部の教授であった。2009年から3年のサバティカル（職務を離れた長期休暇）を取得し、その期間中に自分が解決に貢献できる重要な社会課題は何かを考えた結果、食肉の問題だと気がついたことが起業のきっかけだったという。そこからアイデアを考え、持っていった先が何社かの有名VCであった。Brownのアイデアに対しクライメートテックで有名なKhosla Venturesが資金提供し、研究開発の資金とした。2013年にはシリーズBでビル・ゲイツも投資家として支援に加わり、約5年間の研究開発の結果、肉の風味を出すヘムという触媒を発見し、商品化に成功したのである。2015年にはグーグルから企業買収の申し出があったものの、それを断り、シリーズDで1億800万ドルを既存投資家とグーグルを含む企業群から調達することに成功した。その後の成功物語は語るまでもないであろう。BrownはCNBCのインタビューの中で、「スタンフォード大学のあるパロアルト市で、1ブロック歩く間に、ベンチャーキャピタリストに会わない方が難しい。」と語っている。大学とVCの距離の近さをとても良く表すコメントである。日本にはこのように有名大学の教授にまでリスクを取って起業できる人間がいるだろうか。そういうことを可能にする雰囲気と仕組みがスタンフォード大学にはあるのである。

　日本の大学で同様の仕組みを作るのは難しいかもしれない。ただし、近年、東京大学発のスタートアップが増えているように、意志をもって正しいアプローチで取り組めば、そうした環境は構築可能であることもわかりつつある。日本で大学の知的財産・研究成果を活用しているスタートアップのIPOの確率は約50社に1社[2]と言われている。とても高い確率であり、クライメートテックの分野でもこれを仕組み化できれば、新しい産業育成に繋がるのではないだろうか。

インキュベーター

　第3章で紹介したY Combinatorのようなインキュベーターを日本で作るのは難しいが、オークランドのPowerhouseであれば、エネルギーと志のある経営者がいれば作ることが可能かもしれない。また、ボストンのGreentown Labsほどグローバルな企業を集めるものは難しいかもしれないが、日本の2〜3社の大手エネルギー企業が共同出資して、どこかの会社の敷地にアジア向けのクライメートテックインキュベーション施設を作れないだろうか。ちなみに、クライメート

2　出所：経済産業省「大学発ベンチャーデータベース」（2022年）
https://www.cas.go.jp/jp/seisaku/atarashii_sihonsyugi/bunkakai/suikusei_dai1/siryou6.pdf

テック特化ではないが、京都の優れたインキュベーション施設である京都リサーチパークは大阪ガスが立ち上げたものである。大手エネルギー企業であれば、クライメートテック特化のものを作れるはずである。スタートアップにとって最も嬉しいのは、大手企業の設備や顧客基盤を活用した実証である。他にも色々あるものの、リアルな現場での実証ほど、自分で準備することが難しいものはない。企業はそうした場と資金をスタートアップに提供し、そこで生まれたイノベーションを出資による経済的リターン、業務提携による顧客サービスの拡大、M&Aによる事業拡大等々の手段で自らに取り込んでいけば良い。

メディア・シンクタンク

　日本にもエネルギー向けメディアや大規模なイベントを開催する団体は既に存在する。しかし、第3章で紹介した海外のクライメートテックメディアと比較すると大きく2点の違いがあることに気が付く。

　1点目はスタートアップに対するプライオリティが低いということである。国内のカーボンニュートラルカンファレンスにおいて、スタートアップ専門のブースというものを見かけたことはないが、海外、特に米国のカンファレンスではスタートアップショーケースと呼ばれる展示コーナーが設けられている。講演やパネルディスカッションのテーマにも、スタートアップに焦点をあてたものが用意されている。日本にはまだクライメートテックのスタートアップの数が少ないという理由もあるかもしれないが、それにしても注目度が低いことは否めない。業界誌やWeb記事、業界新聞についても同様である。まずはこの辺りから変革の余地があるのではないだろうか。

　2点目は国内視点が強いという点である。未だ日本は世界第3位の経済規模を誇るため、国内市場だけでも十分なニュースがある。また、そもそもの言語の問題もあるかもしれない。日本のことを中心に伝えるメディアがあることはいい。ただし、海外の情報をリアルタイムで中立的に正しく発信するメディアや、そういった視点でイベントを開催するメディアがないことについては危機感を覚えるべきである。いわゆるガラパゴスというのは、こうした情報不足から生まれるものであり、今のままではグローバルとの情報格差が広がるだけである。

ENECHANGE株式会社 代表取締役CEO
城口 洋平氏

宮脇（以下 M）：クライメートテックのスタートアップとして国内で唯一上場を成功させ、海外クライメートテック企業への投資を目的としたファンドも運営されている ENECHANGE CEO の城口さんにお話をお伺いします。城口さんはロンドンをベースに活動され、創業当初からグローバルの動向をベンチマークしながら経営をされてきました。今日は、クライメートテックに対する見方から、日本からクライメートテックの分野で世界に活躍する企業を輩出するための環境整備まで幅広くお話をお伺いしたいと思いますので、どうぞ宜しくお願いします。まず、ENECHANGE の立ち上げ方法についてお聞かせください。

城口 CEO（以下 K）：ENECHANGE を会社として設立したのは 2015 年ですが、私がケンブリッジ大学で修士課程に入学したのが 2012 年で、会社を作るまでに 3 年間の準備期間があり、加えて 2017 年まで博士課程で研究していたので、5 年間は大学での準備期間を経ています。ケンブリッジの工学部の博士課程からの起業なので、所謂日本の学生起業とは異なります。

博士課程の研究ではテーマをピンポイントに絞り、その分野における世界最先端の研究をしている教授たちとグローバルに共同研究をしながら準備をしていきます。博士課程の研究テーマというのは学部生のように幅広く学ぶものとは全く異なり、起業家が起業する分野・テーマを選ぶのと同じくらいピンポイントにニッチなテーマを選択し、3 年、5 年、ひたすらそれを世界トップレベルで研究します。逆に最初からある程度世界トップレベルでできる状態になっていないとそもそもケンブリッジの博士課程には入れないので、そこは修士の期間に準備過程があり、博士課程に入った瞬間から、起業家でいうと少なくともシードラウンドは終わっているくらいのファイナンスがつくイメージです。

博士課程でテーマを選んで研究する期間というのはベンチャー経営でいうと、シードからシリーズ A くらいのラウンドを駆け抜けているくらいの感じです。それくらいやることのテーマは決まっていて、それに対して数千万から 1 億くらいの単位のファンディングが必要です。それくらいお金も付くという状態になっているというのが理系の博士と普通の起業家の差だと思います。

私はそのくらいの準備期間があって、ENECHANGE を創業しているので、2015 年の創業時点で、イメージとしてはシリーズ A から B くらいの会社でした。

城口洋平（工学博士）
東京大学法学部卒業後、英国ケンブリッジ大学工学部修士・博士号を取得。東日本大震災を機にエネルギー問題への関心を深め、ケンブリッジ大学工学部修士・博士課程に進学し、電力データAI解析に関する研究を行う。同大学での研究成果をもとに2015年にENECHANGEを起業し、2020年にエネルギーテック企業として初めての東証マザーズ上場を実現。経済産業省エネルギー各種委員会の委員を務める。経済同友会にも参画。ロンドン在住。

ENECHANGE株式会社
ENECHANGE（エネチェンジ）は、「エネルギーの未来をつくる」をミッションに掲げ、脱炭素社会をデジタル技術で推進する脱炭素テック企業。2015年創業、2020年東証マザーズ（現 東証グロース）に上場（証券コード4169）し、「エネルギーの4D（自由化・デジタル化・脱炭素化・分散化）」分野でのSaaS事業を中心に急成長を実現している。ENECHANGEのルーツは、自由化先進国の英国ケンブリッジでの電力データ研究所にあり、エネルギーデータの解析技術とグローバルなネットワークが特徴。

ビデオ電話でインタビュー
（上：著者、下：城口氏）

事業の完成度やコア技術の開発度合いでは、「ゼロから会社作りました、これから何やるか考えます」という状態ではありませんでした。
　しっかりと準備ができており、グローバル目線で何をするべきかという事業の方向性も定まっている状態でした。技術開発においても4年間の博士課程の中で準備はできていたので、会社を作った時点からスタートダッシュが切れて2020年に創業5年で上場しました。クライメートテック分野においては比較的早く上場している会社にはなっていますが、それは会社設立からの期間で見ると早く見えるだけで、その前に3〜4年くらい準備期間があったので実質的には8〜9年くらいの時間がかかっています。そういった意味では純粋なITベンチャーだと3年から4年くらいで上場する会社が結構あるので、そういう会社と比べるとそれなりの期間はかかったかなと思います。
M：博士課程でのテーマ設定というのはどのように絞り込んでいったのでしょうか？
K：私のテーマ設定はスマートメーターのデータを活用したスマートシティです。スマートメーターが普及して、蓄電池やEV、再エネなどいろんなものが導入され

ENECHANGE 沿革

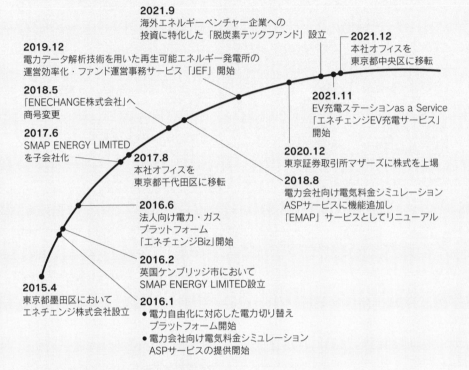

2021.9
海外エネルギーベンチャー企業への
投資に特化した「脱炭素テックファンド」設立

2021.12
本社オフィスを
東京都中央区に移転

2019.12
電力データ解析技術を用いた再生可能エネルギー発電所の
運営効率化・ファンド運営事務サービス「JEF」開始

2018.5
「ENECHANGE株式会社」へ
商号変更

2021.11
EV充電ステーションas a Service
「エネチェンジEV充電サービス」
開始

2017.6
SMAP ENERGY LIMITED
を子会社化

2017.8
本社オフィスを
東京都千代田区に移転

2020.12
東京証券取引所マザーズに株式を上場

2018.8
電力会社向け電気料金シミュレーション
ASPサービスに機能追加し
「EMAP」サービスとしてリニューアル

2016.6
法人向け電力・ガス
プラットフォーム
「エネチェンジBiz」開始

2016.2
英国ケンブリッジ市において
SMAP ENERGY LIMITED設立

2015.4
東京都墨田区において
エネチェンジ株式会社設立

2016.1
● 電力自由化に対応した電力切り替え
　プラットフォーム開始
● 電力会社向け電気料金シミュレーション
　ASPサービスの提供開始

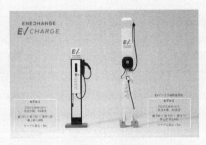

る中で、どのようにデータをマネジメントすれば都市全体、もしくはビルディング単位でのエネルギー効率を最適化できるかということを、機械学習を活用してモデリングをするというのが研究テーマでした。私が2012年にケンブリッジで研究を始めたときには日本にはスマートメーターはほぼ設置されていない状態でした。英国でも一部の場所で、今でいうSMETS1というものがパイロット的に設置されているくらいで、欧州全体にスマートメーターが普及したのは日本と同じタイミングで2016年〜2020年くらいでした。

2012年の段階で、2020年にはスマートメーターを欧州の8割に設置することがEUの方針として決まっており、再エネも普及して、2030年代にかけてはスマ

ートメーターのデータ活用が大変重要になってくる。よって今からこの研究を始めます、というのが2012年の時点での研究プロポーザルでした。

　そういった意味では基本的に10年先を見て、10年先くらいにその研究が役立ち、20年先には世の中に大きなインパクトを与えそうな研究テーマを選んで研究しないといけません。博士というのは基本的にはリサーチャーなので、起業家と違って、今世の中に起こっている問題を解決する役割ではなくて、僕らはアカデミックでやったことがすぐ世の中に出ることは前提となっていないので、今世の中にこういう困っている人がいます、よって3年後にこの問題を解決しないといけないです、といった時間軸では基本的に博士の研究というのは全く役に立ちません。問題設定として10年後くらいに意味があり、20年後くらいに世の中にインパクトを与えるという時間軸で研究テーマを選ばないといけないのです。そういった意味では結果的にクライメートテックのような、研究開始から10年後に技術が実用化でき、20年後にその技術が世の中を変えるようなテーマを選ぶというところにおいては、時間軸としてはクライメートテックの起業家と相性が良いと思っていて、宮脇さんがお話しされているように様々なクライメートテック企業が大学発で出てきているのはやっぱりそれくらい準備期間がかかるということなのだと思います。

　一方で、当然ながらITベンチャーの人はそんなに長い時間軸で見ていないし、実際10年前にはもうiPhoneありましたっけ、みたいな世の中が変わっていく単位で見ていると、結局ITの世界で10年後、20年後を見通すのは事実上不可能なのだと思います。ITやコンピュータサイエンスの世界では10年後、20年後を見るのはかなり難しいのですが、クライメートテックの分野だと再エネが普及していくよね、とか蓄電池の値段は下がっていくよね、とか大体わかるので、そういった意味では研究との相性が良いです。2020年くらいに実用化できて、2030年くらいに本当に意味がありそうなテーマという中で、スマートメーターのデータ解析、スマートシティ、コネクテッドシティ等が重要なテーマだと2012年の時点で想像しました。そしてその研究計画を書いて、ケンブリッジに承認され、お金がついて、研究が始まったという感じです。

M：なるほど、とても勉強になります。ありがとうございます。

　そうした研究と、実際の事業をまわしていかないといけないというところのバランスはどのように考えられていますか？

K：まず会社を作ったときにはある程度技術はできていて、そこからは用意ドンでガンガン走れる状態にしていかないと結構きついと思います。会社としての事

業で収益を回していかないといけないという責任と、研究として次の技術を準備する責任というのは、企業経営としてするところと、大学なり研究所でするところと、そもそも多少役割が違うように、1社で両方するというのはそう簡単ではないと思います。

　会社でかなり体力がある状態じゃないとなかなかやりにくい、というところがまずあると思います。ある程度キャッシュが稼げる状態になっている事業があり、それを研究開発費に充てにいくという会社はあります。両方やると、こっちの事業では黒字だけどこっちで研究しているから赤字です、という形で、うまくできていると事業開発と研究開発というのがある程度両立していきますがそれはとても難しいです。その片方の事業がないと、研究開発だけだとしんどいので、我々が見ている海外のベンチャーでも大学とか研究機関で研究開発が終わった人たちが会社を作って、商品ラインにしていく上での資金が必要という状態のところが多いです。例えば次世代蓄電池の話だと、ラボレベルでは性能テストや特許申請までできていて、でもそれを量産していく過程ではいろんなハードルがあって、工場や生産ラインを作らないといけないから、そこは大学の研究ではできません、という時点で会社を設立し、外部から多額の資金をファンディングして工場ラインを作って量産をしていくみたいな人たちが多いです。なかなかゼロからの起業家が研究開発から始めます、みたいな状態というのは足が長い分、難易度はすごく高いと思います。

M：なるほど、よくわかりました。

　少し話を変えて、今 EV 充電にすごく力を入れられていますが、EV 充電というテーマに事業のリソースを集中し始めたのはどのような視点だったのでしょうか。今までの事業であるエネルギー企業の DX、データサービスとスイッチングというところから新しく事業分野を拡げられたことについての見方を教えて下さい。

K：2030 年から 2050 年に向かって急激に伸びる分野は、クライメートテックの分野といえども限られています。その中で絶対に外さない自信がある分野というのが EV と EV 充電だったということです。我々はジェネラリストではなくて、ニッチなテーマをひたすら掘り下げるスペシャリストなので、すごく確度高く 10 年後、20 年後の未来を見渡して、場合によっては多少ずれるかもしれないから軌道修正も図りながら、常に自分たちの分野は本当に尖っていて 10 年後、20 年後伸びる分野だというのを見続けないといけません。そういった視点で見たときにクライメートテックの分野で 10 年後から 20 年後で絶対に伸びる分野はまだ EV し

かないと思っています。今の流れの中で、基本的には 80％以上の車は 2050 年には EV になります。ならない方法を考える方が難しくて、当然 EV は進むし、EV 充電のインフラは必要になるし、そういうシンプルな話だと思っています。クライメートテックの分野だと、もうひとつは再エネですよね。再エネはゼロからの急成長カーブというのはある程度落ち着いていて、もうそろそろピークアウトしていくので、2000 年〜2010 年くらいに起業するのだったら多分再エネが一番良いテーマで、2020 年に作るのであれば EV が一番良いという、始めるタイミングで最適なテーマというのがあると思います。我々は幸い 2020 年に上場して、上場したことで会社としての体力がついて、未上場だと始められなかったような大きな挑戦ができるなというタイミングになったので、会社をリスタートする気持ちで、大きな会社を作るためには何ができるだろうと考えると、自然に EV しかなかったという感じです。

M：次に、ファンド運営についてお聞かせください。脱炭素ファンドのポートフォリオはどのような基準で選ばれていますか。すでにビジネスになりつつある HEMS や VPP の分野に投資されている一方、時間のかかりそうな CCS にも投資されています。どのような投資方針で進められているのでしょうか。

K：基本的には 6 マスでポートフォリオを考えています。スピード＆スケール的な話で言うと、Decarbonize the Grid と言っている、いわゆる再エネ周りの分野。その次が Electrify Transportation の主に EV の分野、3 つ目が Remove Carbon で CCUS や DAC の分野、この 3 つが我々の対象とする電気のセクターです。脱炭素を実現するためには、植林や培養肉等もありますが、電気のスペシャリストという観点においては関係ない分野になり、この 3 つが基本的には世の中が変わる鉄板のトレンドだと考えています。この 3 つのテーマに対して、ハードウェアドリブンでやっている会社とソフトウェアドリブンでやっている会社、我々が見ているのはこの 6 マスです。この 6 マスを基本的には全部 1 個ずつ埋めたいと考えています。全部埋めることで世界のクライメートテックの状況をインサイダー的に把握できるような立場になることができます。我々からしたらベンチャー投資というのは双眼鏡のようなイメージで、5 年、10 年先のビジネスを見渡すツールとして考えています。

M：Remove Carbon の分野は時間軸として、他より長いという見方をしているのですが、ファンドの期限とその辺りの投資の長さについてどのようにお考えですか。

K：我々は 2021 年にファンドを作りました。そこから 10 年以内、2030 年くら

いまでにはエグジットして欲しいです。詳細はお話しできませんが、2030年までに事業として立ち上がるという算段を持って投資しています。投資家の立場で、インサイダーな情報を深く見ての判断です。

M：なるほど。そこまで深く入り込んで、考えて投資をしている日本人には会ったことありません。

K：投資家としてベンチャー投資するということは、自らの世界観を見通す解像度を上げていくことができ、未来を見通す方法としてとても有効だと考えています。ポートフォリオの考え方で言うと、例えば Decarbonize the Grid の話だと、まずはシンプルに再エネを全力で入れていく。しかし、蓄電池やデマンドレスポンスがないとどこかで入らなくなるので、蓄電池やデマンドレスポンスを入れてVPP とかで平準化していきましょう、というのが基本的な話で、我々がそれらのソフトウェア技術に投資をしている理由です。一方で、ハードウェア側の次世代蓄電池に大きなイノベーションが起きる予兆もあり、もしそちらが来ると VPP 等のソフトウェアは吹き飛びます。要は再エネ発電所の横に大型蓄電池ステーションを置き、充放電してグリッドに流せばグリッドは安定するので、ダウンストリームでの VPP の必要性はなくなります。背反する分野ですが、それをわかった上でどっちになるかを他の人たちよりも数年早く知るために両方に投資しています。

M：日本はまだクライメートテックスタートアップが少なく、盛り上がっていません。城口さんのようにインナーサークルにちゃんと入って情報を摑んで未来を見られている人もほとんどいない。一方で、「カーボンニュートラル」とやっと言い出している。そういう状況の中で、日本をもう少し盛り上げ、グローバルに出て新しい巨大経済圏の中で活躍するための環境整備としてどうしたらいいでしょうか？　私は、電力自由化など国内でエネルギーの健全な競争環境整備を進め、この国でイノベーションが生まれるような環境にすべきじゃないかと考えています。そういう観点から日本に対するコメントはありますか？

K：3点あります。1つは GX を政府主導で妥協なしに確実に進める。これだけエネルギー危機になり化石燃料が上がっている状態というのは、本来もっとエネルギー効率化を進めるタイミング、いわゆる太陽光を設置したオフグリッドを進めるチャンスであり、EV 化を進めるチャンスなのです。必要は発明の母、というように、電気代・ガソリン代が高くなるとそこに対するイノベーションや改善策はどんどん生まれてくるので、今の世の中がそういう状況になっているからこそこれをチャンスと考え GX を進めていくべきです。アメリカはインフレ抑制法で強力に GX を推し進めています。インフレ対策法案と言いながら、実際のお金の使

い道は産業構造のグリーン転換です。一方で日本は、ガソリン補助金を出したり電気代補助金を出したり、本来なら他の技術にシフトが進むべきなのに、そこに変に補助金を出すことで経済合理性を歪めています。困窮者対策は理解しますが、それは本当に困窮している方達に対してすべきことで、全国民に対してガソリン代や電気代を補助する必要はありません。それよりも、いい機会だから車をEVに替えましょうとか、太陽光を家に設置して電気代を減らしましょうといった追加の投資を促し、産業構造を転換して行くところにお金を使うべきだと思います。その点でアメリカのインフレ抑制法は本当に上手くできています。日本政府はGXをやると宣言しているので、このエネルギー危機のタイミングでGXに産業構造転換することが、日本が生き残るためのラストチャンスというくらいの気迫でやるべきだと考えています。

　2つ目は、政府のプランにGX移行債のような話があり、その中にカーボンプライシングというのが入っているのはとても正しい政策だと考えています。是非、それを妥協なくやり切っていただきたいです。アメリカもインフレ抑制法の中にカーボンプライシングが入っています。だから先ほどのRemove Carbonのような事業が伸びるのです。カーボンプライシングが入らないと、カーボンニュートラルの会社は収益源が担保されません。逆にカーボンプラインシングが入るとカーボンニュートラルになることが経済合理性を完全に持ちます。だからこそ、日本はカーボンプライシングを進めなければならず、かつアメリカや欧州と同じ水準で進めないといけない。ここで遅れると、結局欧米の企業の方がより脱炭素の会社が育ってしまうことになります。カーボンプライシングはずっとある議論で、なかなか踏み込めてないところを、今アメリカはやると言っています。なので、日本も本当にしっかりとやり切らなければならない。

　最後は、宮脇さんがおっしゃった通り電力自由化です。電力システム改革、発送電含めた電力自由化をもう1回GXの目線で再点検して、場合によってはもう1段階踏み込んだ追加施策をしないといけないと思います。基本的には電力システム改革は2013年の閣議決定で決まった話です。2013年のときに見えていた電力業界の問題点と、この2023年で見えている電力業界の問題点というのはいろんな意味で根本的に変わっています。2013年にはそもそもカーボンニュートラルの議論がなかった。だからこそ2023年の時点では電力自由化を後戻りさせるのではなく、もう一度GXの視点でもう一歩踏み込んで進めるというのが必要だと考えています。発電と送電部門というのは今後それこそ水素・アンモニアの発電所を作るということや、次世代原子炉を作る、もう一度日本全体の送配電網を

増強するといったような、さらに大型の長期の投資が発電・送配電網部門に必要となるので、ここの分野に関してはいろんな意味で政府が手厚く保護しないといけません。ある程度規模を大きくしていかないと長期投資に耐えられないので、合従連衡も含めて規模を拡大していくべきです。国際競争力的な観点で、アンモニアを調達するにはある程度規模が必要ということを含め、規模を大きく、かつ政府も支援していくということをやらなければならない。フランスが新しい原子力発電所を開発するために EDF を国有化したように、ここはある程度踏み込んだ政府の支援が必要だと思います。一方で、そこを支援するのであれば発販分離を徹底しないといけません。大手電力会社の発電部門が手厚く保護を受けてある程度キャッシュができ、小売りに内部補助を出したら結局小売分野の競争は成り立たなくなります。小売分野は常に競争環境がないとイノベーションが生まれません。電力業界に限らず、独占体制になるとカスタマーサービスは劣化します。

　こうした電力自由化を GX 目線で再点検する。この 3 つをやりきらないと日本のカーボンニュートラルとそれに伴う成長戦略は成り立たないと考えており、我々は政府に対しても同様の提言をしています。

M：大変有意義なお話をありがとうございました。私にとっても大変刺激になりました。また、帰国された際にはゴルフに行きましょう。

（2023 年 1 月 11 日）

エピローグ

　2023年1月25日、私はロサンゼルスから車で2時間程度南に行ったところにあるパームスプリングスで開催されている Cleantech Forum North America に来ている。本書で何度も触れた Cleantech Group が発表する Global Cleantech 100 のお披露目をする場であり、北米を中心に多くの関係者が集まっている。人数限定のこのイベントは1月初旬には売り切れ状態で、始まる前からこの分野への注目度の高さを感じた。日本から来たスタートアップは我々のみであったが、北米駐在メンバーを中心に、日本企業の関係者も多く集まっていたことには希望を感じた。このイベントの一番の魅力は投資家が、Global Cleantech 100 に選ばれたスタートアップと一度にコミュニケーションできることであろう。2日半の期間中は、スタートアップのプレゼンテーションや、専門家によるパネルディスカッションが常に行われているが、その傍らで、起業家と投資家が時間を惜しんでコミュニケーションをしている。我々は Global Cleantech 100 に選ばれたわけではないが、将来に向け、北米の投資家や専門家に、自らの存在を認知してもらうことを目的として参加した。話したい投資家と話すことができ、その成果には満足しているが、今のまま頑張っていても、全くダメだということもよく理解できた。グローバルから注目されるためには、第3章で触れた Twelve 社の Etosha が話していた通り、我々が解決しようとしている課題とテクノロジーを、多くの投資家に理解してもらえるよう説明できるようにならなければならない。また、Cleantech Group のリチャードからアドバイスがあったように、そもそも解決しようとしている課題が何かをもう少しはっきりさせる必要もある。そういう意味で、これから我々の会社に必要なアクションが明確になったということが、今回の渡米の一番の成果であろう。

　今年の Cleantech Forum North America で発表されたレポートでは、2022年のクライメートテックスタートアップに対する投資総額が発表された。ピークの2021年には及ばないものの、そのピークからはマイナス10%程度の投資総額であり、ナスダック総合指数が30%のマイナスで、それ以上に世界のスタートアップ投資については相当厳しい1年だったと言う各方面のコメントと比較すると、ブームの強さを表す結果となった。具体的にはこれまで投資を牽引してきたモビリティとフードに対する投資が大幅に減少した一方、エネルギー関連を中心にそれ以外の分野は引き続き大きな伸びを見せた。100社に選出された企業を見る

と、モビリティ関連が大幅に減り、代わりに材料化学が大幅に増えた。また、全体の半数以上の企業が新規選出企業であり、世界的にクライメートテックが増え、群雄割拠の時代に入りつつあることを感じさせる結果となった。

2023 年の Global Cleantech 100 の 1 つの大きな特徴としては、カナダから 12 社も選出されていたことが挙げられる。これは間違いなく国のバックアップがあってこその成果である。今回の Cleantech Forum North America には会議室を 1 つ貸し切り、グローバルの投資家とカナダのスタートアップが常にコミュニケーションできるようにしていた。そして、12 社のスタートアップだけでなく、その予備軍のスタートアップを連れてきて、ピッチの機会を作るとともに、とても積極的にそれらの企業を投資家に売り込んでいた。こうした光景は、今回のイベントに限らず、関連するグローバルイベントでは常に行っているという。ディナーイベントの際に隣に座ったカナダから来た VC のキャピタリストにこのことを聞いたところ、カナダは資源の国であるが、その資源が枯渇しつつあることと、そもそもカーボンニュートラルの流れの中で、その産業自体が衰退するという危機感が強くあるということを話していた。カナダは国を挙げてこの新しい経済圏に対して挑んでおり、その 1 つの成果が、12 社の選出という結果に表れたものと、とても深く感心した。

今回のイベントにはブレークスルー・エナジーからも参加があり、ブレークスルー・エナジー・フェローズと呼ばれる、研究開発段階の起業家に対する支援プログラムにいるスタートアップのピッチがあった。ブレークスルー・エナジーからの支援を受けているということでさぞかし潤沢な資金の支援を受けて活動していると思いきや、自宅のベランダに実証サイトを作って研究を進めている起業家や、自宅の駐車場にカーポートを作り、その下で研究を進めているような起業家が登場した。まだまだアーリーステージのスタートアップを紹介するセッションは大盛況であり、多くの質問にさらされていた。我々の会社は数十人規模となり、進捗が思わしくなくもどかしい時も多く、すぐに他人のせいにしたくなる。登壇した起業家達に言い訳はない。そして、私にも言い訳している余裕などない。1 つ 1 つ目の前の課題を解決し、必要なら自らの家や土地まで利用し実証を行い次のステップに進んで行く。そうした初心に戻れた瞬間であった。

本書を執筆するにあたり、多くの方にお世話になった。まず、本書の制作メンバーに感謝をしたい。アークエルテクノロジーズの淵田奈緒さん、街のちいさな本屋さん Books cyan の店主でライターのユウミ ハイフィールドさん、エネルギ

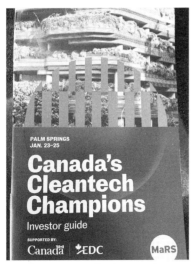

カナダスタートアップのパンフレット

カナダルーム

ー・サステナブル関連のフリーライターoffice SOTO の山下幸恵さん、九州大学の佐藤萌さんにサポートをいただいた。

　また、スタンフォード大学とシリコンバレーで私にレクチャーをしてくださった皆さんにも感謝を申し上げたい。本書の第 2 章についてはスタンフォード大学での研究成果をまとめたものであり、研究にあたってはカーネギー国際平和財団シニアフェローの櫛田健児先生にご指導をいただいた。クライメートテックの最前線にいる中部電力の浅野将弘さん、エネオスの平野智久さん、東京ガスの鈴木真貴子さん、三井物産の山崎冬馬さん、コンサルタントの下田尚希さんにはいつも大変有益な情報提供をしていただいている。IZM 代表の出馬弘昭さんには、渡米当初にクリーンテックの手解きを受け、シリコンバレー名物の IZMA Bar でも大変お世話になった。経済産業省で在イスラエル大使館一等書記官の友澤孝規さんとはスタンフォード大学時代に多くのスタートアップやカンファレンスを一緒に回った。

　貴重なインタビューの機会をいただいた Cleantech Group のリチャード・ヤングマン CEO と ENECHANGE の城口洋平 CEO に厚く感謝申し上げる。

　最後に、草稿にあたり、多くの有益なコメントをいただいた日経 BP 社の野崎剛さんに御礼を申し上げる。

本書は 2017 年より始まった、私のクライメートテックを巡る旅の記録をまとめたものである。2017 年に初めて Uber やテスラに乗り、それから全米各地、カナダ、イスラエル、英国、フランス、ドイツ、オランダ、ノルウェー、アイスランド、中国、シンガポール、タイ、ベトナム等々、カーボンニュートラルの最前線を訪問し、そのテクノロジーを見てきた。そして、本書を執筆するにあたり、クライメートテックの本質的なメカニズムを追求すると同時に、多くのスタートアップとその起業家、そして投資家について調査を行った。特に注目されているスタートアップの軌跡を追う過程で、その時々の起業家の判断やエコシステムの活用方法を深く理解できたことは、自らの経営を見直すとても良い機会となった。本書がカーボンニュートラルを目指す、多くの起業家や投資家、企業関係者の方の参考となり、我が国、そして地球のカーボンニュートラルに貢献することとなればそれに勝る喜びはない。

2023 年 1 月 25 日
快晴のカリフォルニア州パームスプリングスにて
アークエルテクノロジーズ代表　宮脇 良二

宮脇良二（みやわき・りょうじ）

1998年にアンダーセンコンサルティング（現アクセンチュア）に入社。エネルギー業界向けコンサルティング業務に従事。2010年9月に電力・ガス事業部門統括責任者に就任。18年にアクセンチュアを退社。同年8月、「デジタルイノベーションで脱炭素化社会を実現する」というパーパスを掲げ、代表取締役としてアークエルテクノロジーズ株式会社を創業し、EV充電やEMSのサービスを開発。同時に事業構想のためにスタンフォード大学客員研究員として、カーボンニュートラルに関するテクノロジーとエコシステムを研究。22年10月、米Cleantech Groupよりアジア太平洋地域の革新的クリーンテクノロジースタートアップ25社（APAC Cleantech 25）に選出。
企業経営と並行して、大学での講義や国及び地方自治体のカーボンニュートラルに関する委員等も務める。
一橋大学大学院国際企業戦略研究科修士（金融戦略・経営財務プログラム）。

クライメートテック

2023年8月24日　1版1刷

著　者　　宮脇良二
　　　　　©Ryoji Miyawaki, 2023
発行人　　國分正哉
発　行　　株式会社日経BP
　　　　　日本経済新聞出版
発　売　　株式会社日経BPマーケティング
　　　　　〒105-8308　東京都港区虎ノ門4-3-12
装　丁　　中川英祐（Tripleline）
本文DTP　マーリンクレイン
印刷・製本　三松堂

ISBN 978-4-296-12206-6　Printed in Japan